美的历程

The Path *of* Beauty

李泽厚 著

人民文学出版社

著作权合同登记号　图字:01-2020-3164

图书在版编目(CIP)数据

美的历程/李泽厚著. —北京:人民文学出版社,2021(2022.10 重印)
ISBN 978-7-02-016529-2

Ⅰ. ①美…　Ⅱ. ①李…　Ⅲ. ①美学史-中国　Ⅳ. ①B83-092

中国版本图书馆 CIP 数据核字(2020)第 132822 号

责任编辑　**甘　慧　吕昱雯　李　翔**
版式设计　**钱　珺**

出版发行　**人民文学出版社**
社　　址　**北京市朝内大街 166 号**
邮政编码　**100705**

印　　刷　**上海盛通时代印刷有限公司**
经　　销　**全国新华书店等**

开　　本　**635 毫米×965 毫米　1/16**
印　　张　**16**
字　　数　**184 千字**
版　　次　**2021 年 2 月北京第 1 版**
印　　次　**2022 年 10 月第 8 次印刷**
印　　量　**100001-115000**
书　　号　**978-7-02-016529-2**
定　　价　**65.00 元**

如有印装质量问题,请与本社图书销售中心调换。电话:010-65233595

目　次

一　龙飞凤舞　1
　一　远古图腾　3
　二　原始歌舞　13
　三　“有意味的形式”　18

二　青铜饕餮　33
　一　狞厉的美　35
　二　线的艺术　44
　三　解体和解放　49

三　先秦理性精神　55
　一　儒道互补　57
　二　赋比兴原则　63
　三　建筑艺术　70

四　楚汉浪漫主义　77
　一　屈骚传统　79
　二　琳琅满目的世界　85
　三　气势与古拙　94

五 魏晋风度 99
一 人的主题 101
二 文的自觉 112
三 阮籍与陶潜 118

六 佛陀世容 125
一 悲惨世界 127
二 虚幻颂歌 135
三 走向世俗 140

七 盛唐之音 147
一 青春、李白 149
二 音乐性的美 159
三 杜诗颜字韩文 163

八 韵外之致 171
一 中唐文艺 173
二 内在矛盾 179
三 苏轼的意义 188

九 宋元山水意境 193
一 缘起 195
二 “无我之境” 200
三 细节忠实和诗意追求 206

四 “有我之境” 211

十 明清文艺思潮 219

一 市民文艺 221

二 浪漫洪流 228

三 从感伤文学到《红楼梦》 235

四 绘画与工艺 242

结 语 246

中国还很少专门的艺术博物馆。你去过北京天安门前的中国历史博物馆吗？如果你对那些史实并不十分熟悉，那么，做一次美的巡礼又如何呢？那人面含鱼的彩陶盆，那古色斑斓的青铜器，那琳琅满目的汉代工艺品，那秀骨清像的北朝雕塑，那笔走龙蛇的晋唐书法，那道不尽说不完的宋元山水画，还有那些著名的诗人作家们屈原、陶潜、李白、杜甫、曹雪芹……的想象画像，它们展示的不正是可以使你直接感触到的这个文明古国的心灵历史么？时代精神的火花在这里凝冻、积淀下来，传留和感染着人们的思想、情感、观念、意绪，经常使人一唱三叹，流连不已。我们在这里所要匆匆迈步走过的，便是这样一个美的历程。

那么，从哪里起头呢？

得从遥远得记不清岁月的时代开始。

一

龙飞凤舞

一　远古图腾

中国史前文化比过去所知有远为长久和灿烂的历史。七十年代浙江河姆渡，河北磁山[1]，河南新郑[2]、密县[3]等新石器时代遗址的陆续发现，不断证实这一点。将近八千年前，中国文明已初露曙光。

上溯到旧石器时代，从南方的元谋人到北方的蓝田人、北京人、山顶洞人，虽然像欧洲洞穴壁画那样的艺术尚待发现，但从石器工具的进步上可以看出对形体性状的初步感受。北京人的石器似尚无定形，丁村人的则略有规范，如尖状、球状、橄榄形，等等。到山顶洞人，不但石器已很均匀，规整，而且还有磨制光滑、钻孔、刻纹的骨器和许多所谓“装饰品”：“装饰品中有钻孔的小砾石、钻孔的石珠、穿孔的狐或獾或鹿的犬齿、刻沟的骨管、穿孔的海蚶壳和钻孔的青鱼眼上骨等。所

1 《河北磁山新石器时代遗址试掘》，《考古》1977 年第 6 期。

2 《河南新郑裴李岗新石器时代遗址》，《考古》1978 年第 2 期。“就三个数据的情况来说，裴李岗遗址的年代，大致作 7500 年左右，恐怕是比较可靠的。”（李友谋、陈旭：《试论裴李岗文化》，《考古》1979 年第 4 期）磁山稍晚于裴李岗，而远在仰韶文化前，“仰韶文化最早期的年代大约是 6000 年左右”（同上）。

3 《河南密县莪沟北岗新石器时代遗址发掘简报》，《文物》1979 年第 5 期。

有的装饰品都相当精致，小砾石的装饰品是用微绿色的火成岩从两面对钻成的。选择的砾石很周正，颇像现代妇女胸前配带的鸡心。小石珠是用白色的小石灰岩块磨成的，中间钻有小孔。穿孔的牙齿是由齿根的两侧对挖穿通齿腔而成的。所有装饰品的穿孔，几乎都是红色，好像是它们的穿带都用赤铁矿染过。”[1] 这表明对形体的光滑规整、对色彩的鲜明突出、对事物的同一性（同样大小或同类物件串在一起）……有了最早的朦胧理解、爱好和运用。但要注意的是，对使用工具的合规律性的形体感受和在所谓“装饰品”上的自觉加工，两者不但有着漫长的时间距离（数十万年），而且在性质上也是根本不同的。虽然二者都有其实用功利的内容，但前者的内容是现实的，后者则是幻想（想象）的；劳动工具和劳动过程中的合规律性的形式要求（节律、均匀、光滑等）和主体感受，是物质生产的产物；“装饰”则是精神生产、意识形态的产物。尽管两者似乎都是“自然的人化”和“人的对象化”，但前者是将人作为超生物存在的社会生活外化和凝冻在物质生产工具上，是真正的物化活动；后者则是将人的观念和幻想外化和凝冻在这些所谓“装饰品”的物质对象上，它们只是物态化的活动。前者是现实的“人的对象化”和“自然的人化”，后者是想象中的这种“人化”和“对象化”。前者与种族的繁殖（人身的扩大再生产）一道构成原始人类的基础，后者则是包括宗教、艺术、哲学等胚胎在内的上层建筑。当山顶洞人在尸体旁撒上矿物质的红粉，当他们做出上述种种“装饰品”，这种原始的物态化的活动便正是人类社会意识形态和上层建筑的开始。它的成熟形态便是原始社会的巫术礼仪，亦即远古图腾活动。

1 贾兰坡：《“北京人”的故居》第 41 页，北京出版社，1958 年。

"在野蛮期的低级阶段，人类的高级属性开始发展起来。……想象，这一作用于人类发展如此之大的功能，开始于此时产生神话、传奇和传说等未记载的文学，而业已给予人类以强有力的影响。"[1]追溯到山顶洞人"穿戴都用赤铁矿染过"、尸体旁撒红粉，"红"色对于他们就已不只是生理感受的刺激作用（这是动物也可以有的），而是包含着或提供着某种观念含义（这是动物所不能有的）。原始人群之所以染红穿戴、撒抹红粉，已不是对鲜明夺目的红颜色的动物性的生理反应，而开始有其社会性的巫术礼仪的符号意义在。也就是说，红色本身在想象中被赋予了人类（社会）所独有的符号象征的观念含义；从而，它（红色）诉诸当时原始人群的便不只是感官愉快，而且其中参与了、储存了特定的观念意义了。在对象一方，自然形式（红的色彩）里已经积淀了社会内容；在主体一方，官能感受（对红色的感觉愉快）中已经积淀了观念性的想象、理解。这样，区别于工具制造和劳动过程，原始人类的意识形态活动，亦即包含着宗教、艺术、审美等等在内的原始巫术礼仪[2]就算真正开始了。所以，如同欧洲洞穴壁画作为原始的审美——艺术，本只是巫术礼仪的表现形态，不可能离开它们独立存在一样；山顶洞人的所谓"装饰"和运用红色，也并非为审美而制作。审美或艺术这时并未独立或分化，它们只是潜藏在这种种原始巫术礼仪等图腾活动之中。

遥远的图腾活动和巫术礼仪，早已沉埋在不可复现的年代之中。它们具体的形态、内容和形式究竟如何，已很难确定。"此情可待成追忆，只是当时已惘然"。也许，只有流传下来却屡经后世歪曲增删的远

1　马克思：《摩尔根〈古代社会〉一书摘要》第54页，人民出版社，1965年。

2　关于巫术（Magic或译"魔法"）与宗教的异同，关于巫术、神话（Myth）、礼仪（Rite）、图腾（Totem）之间的相互关系、先后次序、能否等同诸问题，本书均暂不讨论。

古“神话、传奇和传说”，这种部分反映或代表原始人们的想象和符号观念的“不经之谈”，能帮助我们去约略推想远古巫术礼仪和图腾活动的面目。

在中国的神话传说序列中，继承燧人氏钻木取火（也许能代表用火的北京人时代吧）之后的，便是流传最广、材料最多也最出名的女娲伏羲的“传奇”了：

> 娲，古之神圣女，化万物者也。(《说文》)
>
> 往古之时，四极废，九州裂，天不兼覆，地不周载，……女娲炼五色石以补苍天，断鳌足以立四极。(《淮南鸿烈·览冥训》)
>
> 俗说天地开辟，未有人民，女娲抟黄土作人。(《太平御览》七十八卷引《风俗通》)
>
> 女娲祷祠神祈而为女禖，因置婚姻。(《绎史》引《风俗通》)
>
> 宓羲氏之世，天下多兽，故教民以猎。(《尸子·君治》)
>
> 古者，庖羲氏之王天下也……近取诸身，远取诸物，于是始作八卦以通神明之德，比类万物之情，作结绳而为网罟，以佃以渔。(《易·系辞》)
>
> 伏者，别也，变也。戏者，献也，法也。伏羲始别八卦，以变化天下，天下法则，咸伏贡献，故曰伏羲也。(《风俗通义·三皇》)
>
> …………

从“黄土作人”到“正婚姻”（开始氏族外婚制），从“以佃以渔”到“作八卦”（巫术礼仪的抽象符号化），这个有着近百万年时间差距的人类原始历史，都集中地凝聚和停留在女娲伏羲两位身上（他们在古文献中经常同时而重迭)[1]。这也许意味着，他们两位可以代表最早期的中国远古文化?

那么，“女娲”“伏羲”到底是怎么样的人物呢?他们作为远古中华文化的代表，究竟是什么东西呢?如果剥去后世层层人间化了的面纱，在真正远古人们的观念中，它们却是巨大的龙蛇。即使在后世流传的文献中也仍可看到这种遗迹：

> 女娲，古神女而帝者，人面蛇身，一日中七十变。(《山海经·大荒西经》郭璞注)
>
> 燧人之世，……生伏羲……人首蛇身。(《帝王世纪》)
>
> 女娲氏……承庖羲制度，……亦蛇身人首。(同上)

值得注意的是，中国远古传说中的“神”“神人”或“英雄”，大抵都是“人首蛇身”。女娲伏羲是这样，《山海经》和其他典籍中的好些神人(如“共工”“共工之臣”等等)也这样。包括出现很晚的所谓“开天辟地”的“盘古”，也依然沿袭这种“人首蛇身”说。《山海经》中虽然还有好些“人首马身”“豕身人面”“鸟身人面”，但更突出的，仍是这个“人首蛇身”。例如：

> 凡《北山经》之首，自单狐之山至于隄山，凡二十五山，

---

1 如(庖羲)“始嫁娶以修人道”(《拾遗记》);“伏羲制俪皮嫁娶之礼”(《世本》)。所谓伏羲、女娲兄妹为婚，可能反映的血族群婚制，也可能是阴(黑夜)阳(白天)观念的神话阶段，也可能是列维-斯特劳斯讲的所谓同胞双生子的神话，而所谓“正婚姻”“置姓氏”，则可能反映开始了族外婚制，有了氏族的社会组织。

五千四百九十里，其神皆人面蛇身。(《山海经·北山经》)

凡《北次二经》之首，自管涔之山至于敦题之山，凡十七山，五千六百九十里，其神皆蛇身人面。(同上)

凡首阳山之首，自首山至于丙山，凡九山，二百六十七里，其神状皆龙身而人面。(《山海经·中山经》)[1]

这里所谓“其神皆人面蛇身”，实即指这些众多的远古氏族的图腾、符号和标志。《竹书纪年》也说，属于伏羲氏系统的有所谓长龙氏、潜龙氏、居龙氏、降龙氏、上龙氏、水龙氏、青龙氏、赤龙氏、白龙氏等等。总之，与上述《山海经》相当符合，都是一大群龙蛇。

此外，《山海经》里还有“烛龙”“烛阴”的怪异形象：

西北海之外，赤水之北，有章尾山，有神，人面蛇身而

1 闻一多《伏羲考》中“将山海经里所见的人面蛇身或人面龙身的神列一总表如下”(厚按：可注意的是，人面蛇身［或龙身］在北、西、南均甚多，唯东较少)：

中	《中山经》(次十)	首山至丙山诸神	皆龙身人面
南	《南山经》(次三)	天吴之山至南禺之山诸神	皆龙身人面
	《海内经》(南方)	延维	人首蛇身
西	《西山经》(次三)	鼓	人面龙身
	《海外西经》	轩辕	人面蛇身尾交首上
北	《北山经》(首)(次二)	单狐之山至隄山诸神管涔之山至敦题之山诸神	皆人面蛇身 皆蛇身人面
	《海外北经》又《大荒北经》	烛龙(烛阴)相柳(相繇)	人面蛇身赤色 九首人面蛇身自环色青
	《海内北经》	贰负	人面蛇身
东	《海内东经》	雷神	龙身而人头

赤，……是谓烛龙。(《山海经·大荒北经》)

钟山之神，名曰烛阴，视为昼，瞑为夜，吹为冬，呼为夏，不饮不食不息，息为风，身长千里。……其为物，人面蛇身赤色。(《山海经·海外北经》)

这里保留着更完整的关于龙蛇的原始状态的观念和想象。章学诚说《易》时，曾提出"人心营构之象"，这条巨大龙蛇也许就是我们的原始祖先们最早的"人心营构之象"吧。从"烛龙"到"女娲"，这条"人面蛇身"的巨大爬虫，也许就是经时久远悠长、笼罩中国大地上许多氏族、部落和部族联盟的一个共同的观念体系的代表标志吧。

闻一多曾指出，作为中国民族象征的"龙"的形象，是蛇加上各种动物而形成的。它以蛇身为主体，"接受了兽类的四脚，马的毛，鬣的尾，鹿的脚，狗的爪，鱼的鳞和须"(《伏羲考》)。这可能意味着以蛇图腾为主的远古华夏氏族、部落[1]不断战胜、融合其他氏族部落，即蛇图腾不断合并其他图腾逐渐演变而为"龙"。从烛阴、女娲的神怪传说，到甲骨金文中的有角的龙蛇字样[2]；从青铜器上的各式夔龙再到《周易》中的"飞龙在天"（天上）、"或饮于渊"（水中）、"见龙在田"（地面），一直到汉代艺术（如马王堆帛画和画像石）中的人首蛇身诸形象，这个可能产生在远古渔猎时期却居然延续保存到文明年代，具有如此强大的

1 《太平御览》卷九百二十九引《归藏》："昔夏后启土乘龙飞以登于天罩。"《山海经·大荒西经》："……乘两龙，名曰夏后开。"《山海经·海内经》：郭璞注"开筮曰鲧死……化为黄龙。"《帝王世纪》："夏后氏，姒姓也，母曰修己。"姒、己，均蛇也。看来，夏部族或部族联盟很可能与蛇—龙图腾传统有关。

2 "最早的龙就是有角的蛇，以角表示其神异性，甲骨文金文中所见的龙字都是如此。"（刘敦愿：《马王堆西汉帛画中的若干神话问题》，《文史哲》1978 年第 4 期）

生命力量，长久吸引人们去崇拜、去幻想的神怪形象和神奇传说，始终是那样变化莫测，气象万千，它不正好可以作为我们远古祖先的艺术代表？

神话传说毕竟根据的是后世文献资料。那么，新石器时代文化遗址中发现的那个人首蛇身的陶器器盖，也许就是这条已经历时长久的神异龙蛇最早的造型表现？

你看，它还是粗陋的，爬行的，贴在地面的原始形态。它还飞不起来，既没有角，也没有脚。也许，只有它的“人首”能预示着它终将有着腾空而起翩然飞舞的不平凡的一天？预示着它终将作为中国西部、北部、南部许多氏族、部落和部落联盟一个主要的图腾旗帜而高高举起、迎风飘扬？

…………

与龙蛇同时或稍后，凤鸟则成为中国东方集团的另一图腾符号。从帝俊（帝喾）到舜，从少昊、后羿、蚩尤到商契，尽管后世的说法有许多歧异，凤的具体形象也传说不一，但这个鸟图腾是东方集团所顶礼崇拜的对象却仍可肯定。关于鸟图腾的文献材料，更为丰富而确定。如：

> 凤，神鸟也。天老曰，凤之象也：鸿前麐后，蛇颈鱼尾，鹳颡鸳思，龙文龟背，燕颔鸡喙，五色备举，出于东方君子之国……（《说文》）
>
> 天命玄鸟，降而生商。（《诗经·商颂》）
>
> 大荒之中，……有神九首，人面鸟身，名曰九凤。（《山海经·大荒北经》）
>
> 有五采之鸟，……惟帝俊下友，帝下两坛，采鸟是司。（《山海

经·大荒东经》)

与“蛇身人面”一样，“人面鸟身”“五彩之鸟”“鸾鸟自歌，凤鸟自舞”，在《山海经》中亦多见。郭沫若指出：“玄鸟就是凤凰。”“‘五彩之鸟’大约就是卜辞中的凤。”[1]正如“龙”是蛇的夸张、增补和神化一样，“凤”也是这种鸟的神化形态。它们不是现实的对象，而是幻想的对象、观念的产物和巫术礼仪的图腾。与前述各种龙氏族一样，也有各种鸟氏族（所谓“鸟名官”）：“……少皞挚之立也，凤鸟适至，故纪于鸟，为鸟师而鸟名，凤鸟氏历正也，玄鸟氏司分者也，伯赵氏司至者也，青鸟氏司启者也，丹鸟氏司闭者也，祝鸠氏司徒也，鴡鸠氏司马也，鳲鸠氏司空也，爽鸠氏司寇也，鹘鸠氏（均鸟名）司事也。”(《左传·昭公十七年》)以“龙”“凤”为主要图腾标记的东西两大部族联盟，经历了长时期的残酷的战争、掠夺和屠杀，逐渐融合统一。所谓“人面鸟身，践两赤蛇”(《山海经》中多见)，所谓“庖羲氏，风姓也”，可能即反映着这种斗争和融合。从各种历史文献、地下器物和后人研究成果来看，这种斗争融合大概是以西（炎黄集团）胜东（夷人集团）而告结束。也许，“蛇”被添上了翅膀飞了起来，成为“龙”，“凤”则大体无所改变，就是这个原故？也许，由于“凤”所包含代表的氏族部落大而多得为“龙”所吃不掉，所以它虽从属于“龙”，却仍保持自己相对独立的性质和地位，从而它的图腾也就被独立地保存和延续下来？直到殷商及以后，直到战国楚帛画中，仍有在“凤”的神圣图像下祈祷着的生灵。

1　郭沫若：《青铜时代·先秦天道观的发展》。

龙飞凤舞——也许这就是文明时代来临之前，从旧石器渔猎阶段通过新石器时代的农耕阶段，从母系社会通过父系家长制，直到夏商早期奴隶制门槛前，在中国大地上高高飞扬着的史前期的两面光辉的、具有悠久历史传统的图腾旗帜？

它们是原始艺术—审美吗？是，又不是。它们只是山顶洞人撒红粉活动（原始巫术礼仪）的延续、发展和进一步符号图像化。它们只是观念意识物态化活动的符号和标记。但是凝冻在、聚集在这种种图像符号形式里的社会意识、亦即原始人们那如醉如狂的情感、观念和心理，恰恰使这种图像形式获有了超模拟的内涵和意义，使原始人们对它的感受取得了超感觉的性能和价值，也就是自然形式里积淀了社会的价值和内容，感性自然中积淀了人的理性性质，并且在客观形象和主观感受两个方面，都如此。这不是别的，又正是审美意识和艺术创作的萌芽。

二　原始歌舞

这种原始的审美意识和艺术创作并不是观照或静观，不像后世美学家论美之本性所认为的那样。相反，它们是一种狂烈的活动过程。之所以说“龙飞凤舞”，正因为它们作为图腾所标记、所代表的，是一种狂热的巫术礼仪活动。后世的歌、舞、剧、画、神话、咒语……在远古是完全糅合在这个未分化的巫术礼仪活动的混沌统一体之中的，如火如荼，如醉如狂，虔诚而蛮野，热烈而谨严。你不能藐视那已成陈迹的、僵硬了的图像轮廓，你不要以为那只是荒诞不经的神话故事，你不要小看那似乎非常冷静的阴阳八卦[1]……想当年，它们都是火一般炽热虔信的巫术礼仪的组成部分或符号标记。它们是具有神力魔法的舞蹈、歌唱、咒语[2]的凝冻化了的代表。它们浓缩着、积淀着原始人们强烈的情

---

1 “夫易开物成务……象天法地，是兴神物，以前民用，其教盖出于政教典章之先矣。……为一代之法宪，而非圣人一己之心思”（章学诚：《文史通义·易教上》），这最早指出了《易经》“以象为教”、在“典章之先”的非个人创作的远古原始礼仪性质，是后世“礼”的张本，“学易者，所以学周礼也”（同上）。

2 如“所欲逐之者令曰：‘神北行！’先除水道，决通沟渎”（《山海经·大荒北经》）；“土反其宅，水归其壑，昆虫不作，草木归其泽”（《礼记·郊特牲》）。

感、思想、信仰和期望。

古代文献中也保存了有关这种原始歌舞的一些史料，如：

> 击石拊石，百兽率舞。(《尚书·益稷》)
>
> 若国大旱，则帅巫而舞雩。(《周官·司巫》)
>
> 帝俊有子八人，是始为歌舞。(《山海经·海内经》)
>
> 昔葛天氏之乐，三人操牛尾，投足以歌八阕。(《吕氏春秋·古乐篇》)
>
> 伏羲作琴，伏羲作瑟，神农作琴，神农作瑟，女娲作笙簧。(《世本》)

后世叙述古代的史料也认为：

> 夫乐之在耳曰声，在目者曰容，声应乎耳，可以听知；容藏于心，难以貌观。故圣人假干戚羽旄以表其容，发扬蹈厉以见其意，声容选和，则大乐备矣。……此舞之所由起也。(杜佑:《通典》第一百四十五卷)

《乐记》中，“乐”和舞也是联在一起的，所谓“舞行缀短”“舞行缀远”，所谓“不知足之蹈之手之舞之”，等等。这些和所谓“干戚羽旄”“发扬蹈厉”，不就正是图腾舞蹈吗？不正是插着羽毛戴着假面的原始歌舞吗？

王国维说：“楚辞之灵殆以巫而兼尸之用者也。其词谓巫曰灵。盖群巫之中必有象神之衣服形貌动作者。而视为神之冯依，故谓之曰灵。”“灵之为职，……盖后世戏曲之萌芽，已有存焉者矣。”[1]远古图腾歌舞作为巫术礼仪[2]，是有观念内容和情节意义的，而这情节意义就是戏剧和文学的先驱。古代所以把礼乐同列并举，而且把它们直接和政治兴衰联结起来，也反映原始歌舞（乐）和巫术礼仪（礼）在远古是二而一的东西，它们与其氏族、部落的兴衰命运直接相关而不可分割。上述那些材料把歌、舞和所谓乐器制作追溯和归诸远古神异的“圣王”祖先，也证明这些东西确乎来源久远，是同一个原始图腾活动：身体的跳动（舞）、口中念念有词或狂呼高喊（歌、诗、咒语）、各种敲打齐鸣共奏（乐），本来就在一起。“诗，言其志也；歌，咏其声也；舞，动其容也：三者本乎心，然后乐器从之。”（《乐记·乐象篇》）这虽是后代的记述，却仍不掩其混沌一体的原始面目。它们是原始人们特有的区别于物质生产的精神生产即物态化活动，它们既是巫术礼仪，又是原始歌舞。到后世，两者才逐渐分化，前者成为“礼”——政刑典章，后者便是“乐”——文学艺术。

图腾歌舞分化为诗、歌、舞、乐和神话传说，各自取得了独立的性格和不同的发展道路。继神人同一的龙凤图腾之后的，便是以父家长制为社会基础的英雄崇拜和祖先崇拜。例如，著名的商、周祖先——契与稷的怀孕、养育诸故事，都是要说明作为本氏族祖先的英雄人物具有不平凡的神异诞生和巨大历史使命。[3]驯象的舜、射日的羿、治水的鲧和

---

1 《宋元戏曲史》。

2 《周易·系辞上》：“极天下之赜者存乎卦，鼓天下之动者存乎辞。”“鼓之舞之以尽神。”《易说》解释：“无心若风狂然，主于动而已，故以好歌舞为风……以至于鼓舞之极也，故曰尽神。”武王伐纣的所谓“前歌后舞”正是一种起威吓作用的远古图腾巫术舞蹈的遗迹。参看汪宁生：《释“武王伐纣前歌后舞”》，《历史研究》1981年第4期。

3 参看《诗经》中的《玄鸟》《生民》以及《史记》中的《殷本纪》《周本纪》等。

禹，则直接显示这些巨人英雄们的赫赫战功或业绩。从烛龙、女娲到黄帝、蚩尤到后羿、尧舜，图腾神话由混沌世界进入了英雄时代。作为巫术礼仪的意义内核的原始神话不断人间化和理性化，那种种含混多义不可能作合理解释的原始因素日渐削弱或减少，巫术礼仪、原始图腾逐渐让位于政治和历史。这个过程的彻底完成，要到春秋战国之际。在这之前，原始歌舞的图腾活动仍然是笼罩着整个社会意识形态的巨大身影。

也许，1973 年发现的新石器时代彩陶盆纹饰中的舞蹈图案，便是这种原始歌舞最早的身影写照？“五人一组，手拉手，面向一致，头侧各有一斜道，似为发辫。每组外侧两人，一臂画为两道，似反映空着的两臂舞蹈动作较大而频繁之意，人下体三道，接地面的两竖道，为两腿无疑。而下腹体侧的一道，似为饰物。”[1] 你看他们那活跃、鲜明的舞蹈姿态，那么轻盈齐整，协调一致，生意盎然，稚气可掬……它们大概属于比较和平安定的传说时代，即母系社会繁荣期的产品吧[2]？但把这图像说成是“先民们劳动之暇，在大树下小湖边或草地上正在欢乐地手拉手集体跳舞和唱歌”（同上引文），便似乎太单纯了。它们仍然是图腾活动的表现，具有严重的巫术作用或祈祷功能。所谓头带发辫似的饰物，下体带有尾巴似的饰物，不就是“操牛尾”和“干戚羽旄”之类？“手拉着手”地跳舞不也就是“发扬蹈厉”么？因之，这陶器上的图像恰好以生动的写实，印证了上述文献资料讲到的原始歌舞。这图像是写实的，又是寓意的。你看那规范齐整如图案般的形象，却和欧洲晚期洞穴

1 《青海大通县上孙家寨出土的舞蹈纹彩陶盆》，《文物》1978 年第 3 期。

2 “传说神农氏的时代，是和平发展的时代；而传说黄帝尧舜的时代，则是在战争中诞生的。”（苏秉琦：《关于仰韶文化的若干问题》，《考古学报》1965 年第 1 期）仰韶文化属于神农氏传说时代抑黄帝—尧舜时代，尚有不同看法。

壁画那种写实造型有某些近似之处，都是粗轮廓性的准确描述，都是活生生的某种动态写照。然而，它们又毕竟是新石器时代的产儿，必须与同时期占统治地位的几何纹样观念相一致，从而它便具有比欧洲洞穴壁画远为抽象的造型和更为神秘的含义。它并不像今天表面看来那么随意自在。它以人体舞蹈的规范化了的写实方式，直接表现了当日严肃而重要的巫术礼仪，而绝不是“大树下”“草地上”随便翩跹起舞而已。

翩跹起舞只是巫术礼仪的活动状态，原始歌舞正乃龙凤图腾的演习形式。

三 “有意味的形式”

原始社会是一个缓慢而漫长的发展过程。它经历了或交叉着不同阶段，其中有相对和平和激烈战争的不同时代。新石器时代的前期的母系氏族社会大概相对说来比较和平安定，其巫术礼仪、原始图腾及其图像化的符号形象也如此。文献资料中的神农略可相当这一时期：

> 古之人民皆食禽兽肉。至于神农，人民众多，禽兽不足。于是神农因天之时，分地之利，制耒耜，教民农作，神而化之，使民宜之故谓之神农也。(《白虎通义·号》)
>
> 神农之世，卧则居居，起则于于。民知其母，不知其父。与麋鹿共处，耕而食，织而衣，无有相害之心。(《庄子·盗跖》)

所谓“与麋鹿共处”，其实乃是驯鹿。仰韶彩陶中就多有鹿的形象。仰韶型（半坡和庙底沟）和马家窑型的彩陶纹样，其特征恰好是这相对和平稳定的社会氛围的反照。你看那各种形态的鱼，那奔驰的狗，那爬行的蜥蜴，那拙钝的鸟和蛙，特别是那陶盆里的人面含鱼的形象，它们虽明显具有巫术礼仪的图腾性质，其具体含义已不可知，但从这些形象本身所直接传达出来的艺术风貌和审美意识，却可以清晰地使人感到：这里还没有沉重、恐怖、神秘和紧张，而是生动、活泼、纯朴和天真，是一派生气勃勃、健康成长的童年气派。

仰韶半坡彩陶的特点，是动物形象和动物纹样多[1]，其中尤以鱼纹最普遍，有十余种。据闻一多《说鱼》，鱼在中国语言中具有生殖繁盛的祝福含义。但闻一多最早也只说到《诗经》《周易》。那么，我们是否可以把它进一步追溯到这些仰韶彩陶呢？像仰韶期半坡彩陶屡见的多种鱼纹和含鱼人面，它们的巫术礼仪含义是否就在对氏族子孙“瓜瓞绵绵”长久不绝的祝福？人类自身的生产和扩大再生产即种的繁殖，是远古原始社会发展的决定性因素，血族关系是当时最为重要的社会结构[2]，中国终于成为世界上人口最多的国家，汉民族终于成为世界第一大民族，是否可以追溯到这几千年前具有祝福意义的巫术符号？此外，《山海经》说，“蛇乃化为鱼”，汉代墓葬壁画中就保留有蛇鱼混合形的怪物……那么，仰韶的这些鱼、人面含鱼，与前述的龙蛇、人首蛇身是否有某种关系？是些什么关系？此外，这些彩陶中的鸟的形象与前述文献中的“凤”是否也有关系？……凡此种种，都有待进一步的研究探索，这里只是提出一些猜测罢了。

社会在发展，陶器造型和纹样也在继续变化。和全世界各民族完全一致，占据新石器时代陶器的纹饰走廊的，并非动物纹样，而是抽象的

---

1 半坡彩陶纹样是迄今发现中最早的一种。年代更早的尚无纹样可言（如河北磁山、河南新郑等七千年以上的陶器）。

2 参看恩格斯：《家庭、私有制和国家的起源》第一版序及列维-斯特劳斯（Levy-Strauss）的著作。

几何纹，即各式各样的曲线、直线、水纹、漩涡纹、三角形、锯齿纹种种。关于这些几何纹的起因和来源，至今仍是世界艺术史之谜，意见和争论很多。例如不久前我国江南印纹陶的学术讨论会上，好些同志认为“早期几何印纹陶的纹样源于生产和生活……叶脉纹是树叶脉纹的模拟，水波纹是水波的形象化，云雷纹导源于流水的漩涡”，认为这是由于“人们对于器物，在实用之外还要求美观，于是印纹逐渐规整化为图案化，装饰的需要便逐渐成为第一位的了”。[1] 这种看法，本书是不能同意的，因为，不但把原始社会中“美观”“装饰”说成已分化了的需要，缺乏证明和论据[2]，而且把几何纹样说成是模拟“树叶”“水波”，更是简单化了，它没有也不能说明为何恰恰要去模拟树叶、水波。所以，本书以为，下面一种看法似更深刻和正确：“也有同志认为……更多的几何形图案是同古越族蛇图腾的崇拜有关，如漩涡纹似蛇的盘曲状，水波纹似蛇的爬行状，等等。”（同上引文）

其实，仰韶、马家窑的某些几何纹样已比较清晰地表明，它们是由动物形象的写实而逐渐变为抽象化、符号化的。由再现（模拟）到表现（抽象化），由写实到符号化，这正是一个由内容到形式的积淀过程，也正是美作为“有意味的形式”的原始形成过程。即是说，在后世看来似乎只是“美观”“装饰”而并无具体含义和内容的抽象几何纹样，其实在当年却是有着非常重要的内容和含义，即具有严重的原始巫术礼仪的图腾含义的。似乎是“纯”形式的几何纹样，对原始人们的感受却远不

---

1 《江南地区印纹陶学术讨论会纪要》,《文物》1979 年第 1 期。

2 马家窑发现的彩陶人首纹样，看来是“断发文身”的，而“断发文身”并非为“装饰”“美观”，它首先具有巫术礼仪的重要含义。至于要求器物的“美观”，当然更在人体“美观”之后。

只是均衡对称的形式快感，而具有复杂的观念、想象的意义在内。巫术礼仪的图腾形象逐渐简化和抽象化成为纯形式的几何图案（符号），它的原始图腾含义不但没有消失，并且由于几何纹饰经常比动物形象更多地布满器身，这种含义反而更加强了。可见，抽象几何纹饰并非某种形式美，而是：抽象形式中有内容，感官感受中有观念，如前所说，这正是美和审美在对象和主体两方面的共同特点。这个共同特点便是积淀：内容积淀为形式，想象、观念积淀为感受。这个由动物形象而符号化演变为抽象几何纹的积淀过程，对艺术史和审美意识史是一个非常关键的问题。下面是一些考古学家对这个过程的某些事实描述：

> 有很多线索可以说明这种几何图案花纹是由鱼形的图案演变来的……一个简单的规律，即头部形状越简单，鱼体越趋向图案化。相反方向的鱼纹融合而成的图案花纹，体部变化较复杂，相同方向压叠融合的鱼纹，则较简单[1]。有如图一、图二、图三：

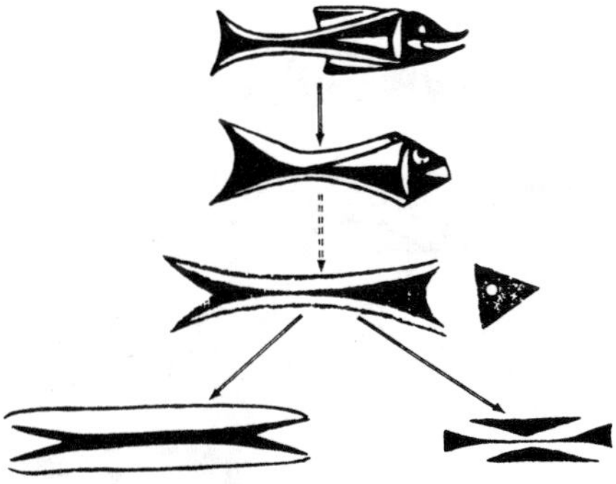

图一

1 中国科学院考古研究所：《西安半坡》第 185 页，文物出版社，1963 年。

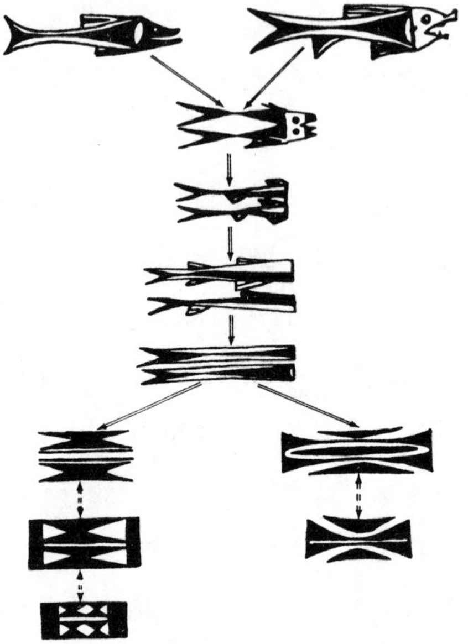

图二

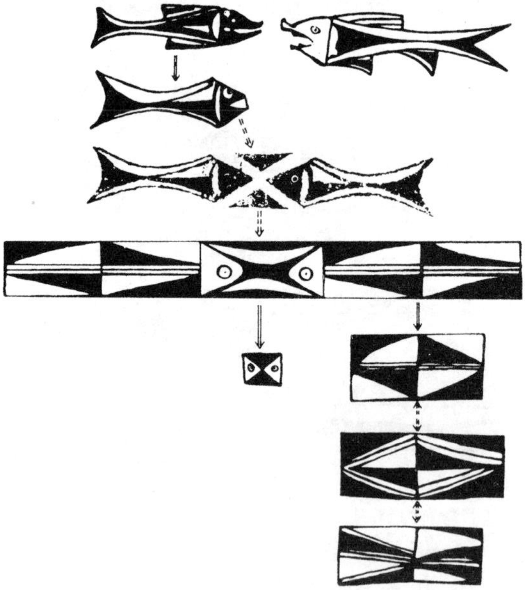

图三

鸟纹图案是从写实到写意（表现鸟的几种不同动态）到象征[1]。有如图四：

图四

主要的几何形图案花纹可能是由动物图案演化而来的。有代表性的几何纹饰可分成两类：螺旋形纹饰是由鸟纹变化而来的，波浪形的曲线纹和垂幛纹是由蛙纹演变而来的。……这两类几何纹饰划分得这样清楚，大概是当时不同氏族部落的图腾标志[2]。有如图五、图六：

图五

1　苏秉琦：《关于仰韶文化的若干问题》，《考古学报》1965年第1期。
2　石兴邦：《有关马家窑文化的一些问题》，《考古》1962年第6期。

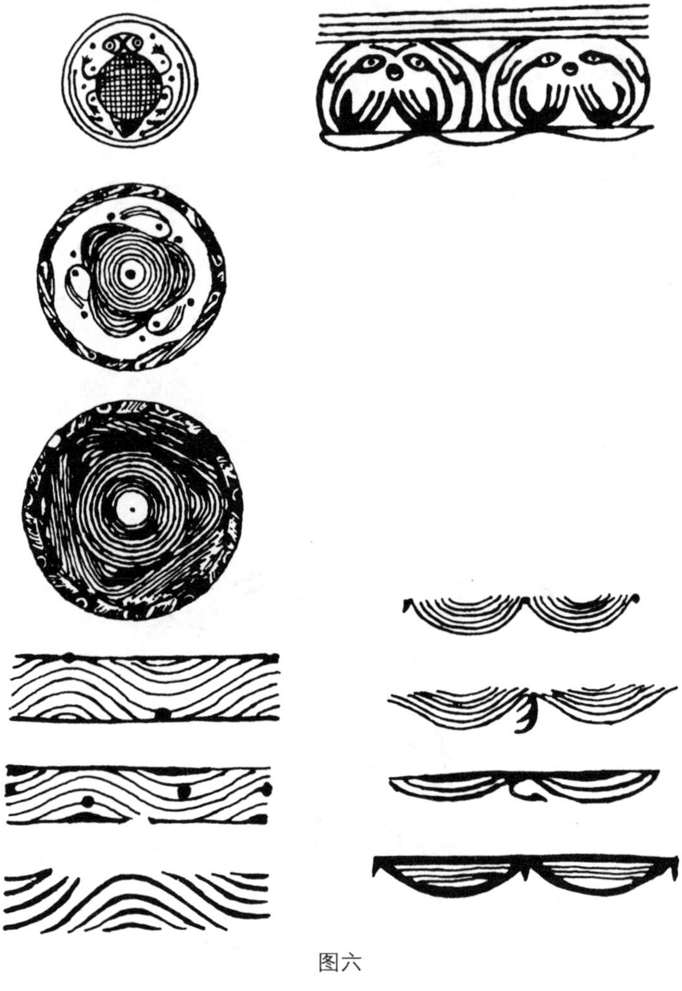

图六

在原始社会时期，陶器纹饰不单是装饰艺术，而且也是族的共同体在物质文化上的一种表现。……彩陶纹饰是一定的人们共同体的标志，它在绝大多数场合下是作为氏族图腾或其他崇拜的标志而存在的。

根据我们的分析，半坡彩陶的几何形花纹是由鱼纹变化而来的，庙底沟彩陶的几何形花纹是由鸟纹演变而来的，所以前者是单纯的直线，后者是起伏的曲线……

如果彩陶花纹确是族的图腾标志，或者是具有特殊意义的符号……仰韶文化的半坡类型与庙底沟类型分别属于以鱼和鸟为图腾的不同部落氏族，马家窑文化属于分别以鸟和蛙为图腾的两个氏族部落。……（同上）

把半坡期到庙底沟期再到马家窑期的蛙纹和鸟纹联系起来看，很清楚地存在着因袭相承、依次演化的脉络。开始是写实的、生动的、形象多样化的，后来都逐步走向图案化、格律化、规范化，而蛙、鸟两种母题并出这一点则是始终如一的。

鸟纹经过一个时期的发展，到马家窑期即已开始漩涡纹化。而半山期漩涡纹和马厂期的大圆圈纹，形象模拟太阳，可称之为拟日纹。当是马家窑类型的漩涡纹的继续发展。可见鸟纹同拟日纹本来是有联系的。

在我国古代的神话传说中，有许多关于鸟和蛙的故事，其中许多可能和图腾崇拜有关。后来，鸟的形象逐渐演变为代表太阳的金乌，蛙的形象则逐渐演变为代表月亮的蟾蜍……。这就是说，从半坡期、庙底沟期到马家窑期的鸟纹和蛙纹，以及从半山期、马厂期到齐家文化和四坝文化的拟蛙纹，半山期和马厂期的拟日纹，可能都是太阳神和月亮神的崇拜在彩陶花纹上的体现。这一对彩陶纹饰的母题之所以能够延续如此之久，本身就说明它不是偶然的现象，而是与一个民族的信仰和传统观念相联系的[1]。可如图七：

1　严文明：《甘肃彩陶的源流》，《文物》1978 年第 10 期。

	蛙纹	鸟纹
半坡期		
庙底沟期		
马家窑期	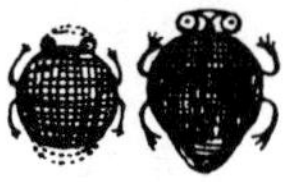	
	拟蛙纹	拟日纹
半山期		
马厂期		
四坝文化 齐家文化		
汉墓帛书		

图七

陶器纹饰的演化是一个非常复杂而困难的科学问题，尚需深入探索[1]。但尽管上述具体演变过程、顺序、意义不一定都准确可靠，尽管仍带有很大的推测猜想的成分和甚至错误的具体结论，但是，由写实的、生动的、多样化的动物形象演化成抽象的、符号的、规范化的几何纹饰这一总的趋向和规律，作为科学假说，已有成立的足够根据。同时，这

1　例如，上述被称作“蛙”的图像是否是“龟”，与古文献中“巨龟”“神龟”有否关系，等等，便尚待研究。

些从动物形象到几何图案的陶器纹饰并不是纯形式的“装饰”“审美”，而具有氏族图腾的神圣含义，似也可成立。

如前所说，人的审美感受之所以不同于动物性的感官愉快，正在于其中包含有观念、想象的成分在内。美之所以不是一般的形式，而是所谓“有意味的形式”，正在于它是积淀了社会内容的自然形式。所以，美在形式而不即是形式。离开形式（自然形体）固然没有美，只有形式（自然形体）也不成其为美。

克乃夫·贝尔（Clive Bell）提出“美”是“有意味的形式”（significant form）的著名观点，否定再现，强调纯形式（如线条）的审美性质，给后期印象派绘画提供了理论依据。但他这个理论由于陷在循环论证中而不能自拔，即认为“有意味的形式”决定于能否引起不同于一般感受的“审美感情”（Aesthetic emotion），而“审美感情”又来源于“有意味的形式”。我以为，这一不失为有卓见的形式理论如果加以上述审美积淀论的界说和解释，就可脱出这个论证的恶性循环。正因为似乎是纯形式的几何线条，实际是从写实的形象演化而来，其内容（意义）已积淀（溶化）在其中，于是，才不同于一般的形式、线条，而成为“有意味的形式”。也正由于对它的感受有特定的观念、想象的积淀（溶化），才不同于一般的感情、感性、感受，而成为特定的“审美感情”。原始巫术礼仪中的社会情感是强烈炽热而含混多义的，它包含有大量的观念、想象，却又不是用理知、逻辑、概念所能诠释清楚，当它演化和积淀于感官感受中时，便自然变成了一种好像不可用概念言说和穷尽表达的深层情绪反应。某些心理分析学家（如荣格）企图用人类集体的无意识“原型”来神秘地解说。实际上，它并不神秘，它正是这种积淀、溶化在形式、感受中的特定的社会内容和社会感情。但要注意的是，随着岁月的流逝、时代的变迁，这种原来是“有意味的形式”却因其重复的仿制而日益沦为失去这种意味的形式，变成规范化的一般形式美。从而这种特定的审美感情也逐渐变而为一般的形式感。于是，这些几何纹饰又确乎成了各种装饰美、形式美的最早的样板和标本了。

陶器几何纹饰是以线条的构成、流转为主要旋律。线条和色彩是造型艺术中两大因素。比起来，色彩是更原始的审美形式，这是由于对色彩的感受有动物性的自然反应作为直接基础（例如对红、绿色彩的不同生理感受）。线条则不然，对它的感受、领会、掌握要间接和困难得多，它需要更多的观念、想象和理解的成分和能力。如果说，对色的审美感受在旧石器的山顶洞人便已开始，那么，对线的审美感受的充分发展则要到新石器制陶时期中。这是与日益发展、种类众多的陶器实体的造型（各种比例的圆、方、长、短、高、矮的钵、盘、盆、豆、鬲、甗……）的熟练把握和精心制造分不开的，只有在这个物质生产的基础之上，它们才日益成为这一时期审美—艺术中的核心。内容向形式的积淀，又仍然是通过在生产劳动和生活活动中所掌握和熟练了的合规律性的自然法则本身而实现的。物态化生产的外形式或外部造型，也仍然与物化生产的形式和规律相关，只是它比物化生产更为自由和更为集中，合规律性的自然形式在这里呈现得更为突出和纯粹。总之，在这个从再现到表现，从写实到象征，从形到线的历史过程中，人们不自觉地创造了和培育了比较纯粹（线比色要纯粹）的美的形式和审美的形式感。劳动、生活和自然对象与广大世界中的节奏、韵律、对称、均衡、连续、间隔、重叠、单独、粗细、疏密、反复、交叉、错综、一致、变化、统一等种种形式规律，逐渐被自觉掌握和集中表现在这里。在新石器时代的农耕社会，劳动、生活和有关的自然对象（农作物）这种种合规律性的形式比旧石器时代的狩猎社会呈现得要远为突出、确定和清晰，它们通过巫术礼仪，终于凝冻在、积淀在、浓缩在这似乎僵化了的陶器抽象纹饰符号上了，使这种线的形式中充满了大量的社会历史的原始内容和丰富含义。同时，线条不只是诉诸感觉，不只是对比较固定的客观事物的直观再现，而且常常可以象征着代表着主观情感的运动形式。正如音乐的旋律一样，对线的感受不只是一串空间对象，而且更是一个时间过程。那么，是否又可以说，原始巫术礼仪中的炽烈情感，已经以独特形态凝冻在、积淀在这些今天看来如此平常的线的纹饰上呢？那些波浪起伏、反复周旋的韵律、形式，岂不正是原始歌舞升华了的抽象代表吗？本来，如前所述，我们已经看到这种活动的“手拉着手”的模拟再现，整个陶器艺术包括几何纹饰是否也应从这个角度来理解、领会它的社会意义和审美意义呢？例如，当年席地而坐面对陶器纹饰[1]的静的观照，是否即从“手拉着手”的原始歌舞的动的“过程”衍化演变而来的呢？动的巫术魔法化而为静的祈祷默告？

与纹饰平行，陶器造型是另一个饶有趣味的课题。例如，大汶口文化、龙山文化中的陶鬶的造型似鸟状，是否与东方群体的鸟图腾有关呢？如此等等。这里只提与中国民族似有特殊关系的两点。一是大汶口的陶猪，一是三足器。前者写实，从河姆渡到大汶口，猪的驯化饲养是中国远古民族一大特征，它标志定居早和精耕细作早。七千五百年前的河南裴李岗遗址即有猪骨和陶塑的猪，仰韶晚期已用猪头随葬。猪不是生产资料而是生活资料。迄至今日，和世界上好些民族不同，猪肉远远超过牛羊肉，仍为占我国人口绝大多数的汉族的主要肉食，它确乎源远

1　谷闻：《漫谈新石器时代彩陶图案花纹带装饰部位》，《文物》1977 年第 6 期。

流长。大汶口陶猪形象是这个民族的远古重要标记。然而，对审美—艺术更为重要的是三足器问题，这也是中国民族的珍爱。它的形象并非模拟或写实（动物多四足，鸟类则两足），而是来源于生活实用（如便于烧火）基础上的形式创造，其由三足造型带来的稳定、坚实（比两足）、简洁、刚健（比四足）等形式感和独特形象，具有高度的审美功能和意义。它终于发展为后世主要礼器（宗教用具）的“鼎”。

因为形式一经摆脱模拟、写实，便使自己取得了独立的性格和前进的道路，它自身的规律和要求便日益起着重要作用，而影响人们的感受和观念。后者又反过来促进前者的发展，使形式的规律更自由地展现，使线的特性更充分地发挥。三足器的造型和陶器纹饰的变化都如此。然而尽管如此，陶器纹饰的演变发展又仍然在根本上制约于社会结构和原始意识形态的发展变化。从半坡、庙底沟、马家窑到半山、马厂、齐家（西面）和大汶口晚期、山东龙山（东面）陶器纹饰尽管变化繁多，花样不一，非常复杂，难以概括，但又有一个总的趋势和特征却似乎可以肯定：这就是虽同属抽象的几何纹，新石器时代晚期比早期要远为神秘、恐怖。前期比较更生动、活泼、自由、舒畅、开放、流动，后期则更为僵硬、严峻、静止、封闭、惊畏、威吓。具体表现在形式上，后期更明显是直线压倒曲线、封闭重于连续，弧形、波纹减少，直线、三角凸出，圆点弧角让位于直角方块……即使是同样的锯齿、三角纹[1]，半坡、庙底沟不同于龙山，马家窑也不同于半山、马厂……。像大汶口晚期或山东龙山那大而尖的空心直线三角形，或倒或立，机械地、静止状

1 锯齿纹、三角纹是否与“山”的观念有关（《山海经》中多山，山与男性生殖器崇拜可能有关），方格形是否与土地或死亡观念有关，圆形是否与天体运行（周而复始）观念有关，都是尚待探究的问题。

态地占据了陶器外表大量面积和主要位置，显示出一种神秘怪异的意味。红黑相间的锯齿纹常常是半山—马厂彩陶的基本纹饰之一，却未见于马家窑彩陶。神农世的相对和平稳定时期已成过去，社会发展进入了以残酷的大规模的战争、掠夺、杀戮为基本特征的黄帝、尧舜时代。母系氏族社会让位于父家长制，并日益向早期奴隶制的方向进行。剥削、压迫、社会斗争在激剧增长，在陶器纹饰中，前期那种种生态盎然、稚气可掬、婉转曲折、流畅自如的写实的和几何的纹饰逐渐消失。在后期的几何纹饰中，使人清晰地感受到权威统治力量的分外加重。至于著名的山东龙山文化晚期的日照石锛纹样（图八），以及东北出土的陶器纹饰，则更是极为明显地与殷商青铜器靠近[1]，性质在开始起根本变化了。它们做了青铜纹饰的前导。

图八

1　此外，巫鸿《一组早期的玉石雕刻》(《美术研究》1979 年第 1 期）提出的那些玉雕形象纹饰，也应属于这一特定时期，特别是鹰鸟图饰，明显与殷商图腾有关。

二

青铜饕餮

一　狞厉的美

传说中的夏铸九鼎[1]，大概是打开青铜时代第一页的标记。夏文化虽仍在探索中，但河南龙山和二里头[2]大概即是。如果采用商文化来自北方说[3]，则这一点似更能确立。如上章结尾所述，从南（江南、山东）和北（东北），好几处新石器时代文化遗址的陶器纹饰都有向铜器纹饰过渡的明显特征。当然，关于它们是否先于铜器还是与青铜同期或更后，仍有许多争议。不过从总的趋向看，陶器纹饰的美学风格由活泼愉快走向沉重神秘，确是走向青铜时代的无可置疑的实证。由黄帝以来，经过尧舜禹的二头军长制[4]（军事民主）到夏代"传子不传贤"，中国古史进入了一个新阶段：虽然仍在氏族共同体的社会结构基础之上，但早期宗法制统治秩序（等级制度）在逐渐形成和确立。公社成员逐渐成为各级氏族贵族的变相奴隶，贵族与平民（国人）开始了阶级分野。在上层建

1　九鼎者，多鼎也。九，言其众多也。参看顾颉刚《史林杂识初编》。
2　参看邹衡：《关于探讨夏文化的几个问题》，《文物》1979 年第 3 期。
3　参看金景芳：《商文化起源于我国北方说》，《中华文史论丛》第 7 辑。
4　参见翦伯赞：《中国史论集・论中国的母系氏族社会》。

筑和意识形态领域，以“礼”为旗号，以祖先祭祀为核心，具有浓厚宗教性质的巫史文化开始了。它的特征是，原始的全民性的巫术礼仪变为部分统治者所垄断的社会统治的等级法规，原始社会末期的专职巫师变为统治者阶级的宗教政治宰辅。

殷墟甲骨卜辞显示，当时每天都要进行占卜，其中大量的是关于农业方面如“卜禾”“卜年”“卜雨”以及战争、治病、祭祀等等，这与原始社会巫师的活动基本相同，但这种宗教活动越来越成为维护氏族贵族统治集团、统治阶级利益的工具。以至推而广之，各种大大小小的事情都得请示上帝鬼神，来决定行动的吉凶可否。殷墟出土的甲骨记载着关于各种大小活动的占卜。周代也如此，钟鼎铭文有明证。《易经》实际上也是卜筮之书。《尚书·洪范》的下述记载可看作是殷周社会这种活动的典型写照：

> 汝则有大疑，谋及乃心，谋及卿士，谋及庶人，谋及卜筮。……汝则从、龟从、筮从、卿士逆、庶民逆，吉。卿士从、龟从、筮从、汝则逆、庶民逆，吉。庶民从，龟从、筮从、汝则逆、卿士逆，吉。汝则从、龟从、筮逆、卿士逆、庶民逆，作内吉，作外凶。龟筮共违于人，用静吉，用作凶。

这说明，在所有条件中，“龟从”“筮从”是最重要的，超过了其他任何方面和因素，包括“帝”“王”自己的意志和要求。如果“龟筮共违于人”，就根本不能进行任何活动。掌握龟筮以进行占卜的僧侣们的地位和权势，可想而知。他们中一部分人实际成了掌管国事的政权操纵者：

我闻在昔，成汤既受命，时则有若伊尹，格于皇天。

在太戊，时则有若伊涉、臣扈，格于上帝，巫咸乂王家，在祖乙时，则有若巫贤。(《尚书·君奭》)

帝太戊立，伊涉为相。……伊涉赞言于巫咸。巫咸治王家有成，……帝祖乙立，殷复兴。巫贤任职。(《史记·殷本纪》)

除了"巫""伊"(卜辞所谓"令多尹")，还有"史"(卜辞所谓"其令卿史")。"史"与"巫""尹"一样，也是"知天道"的宗教性政治性的大人物。章太炎认为"士、事、史、吏"等本都是一回事。王国维说，史与事相同，殷墟卜辞作"卿史"，周鼎作"卿事"，经传作"卿士"，其实是相同的。"是卿士本名史也"。"尹"与"史"也是一回事，"尹氏之号本于内史"[1]。"史手执简形"，又是最早垄断文字的人物。此外，如卜、宗、祝[2]等等，都是当时异名而同实的僧侣贵族。

这就是说，与物质劳动与精神劳动的分离相适应，出现了最初的一批思想家，他们就是巫师，是原始社会的精神领袖。也正如马克思说的，"从这时候起，意识才能真实地这样想象：它是某种和现存实践意识不同的东西，它不用想象某种真实的东西而能够真实地想象某种东西"；"在这个阶级内部，一部分人是作为该阶级的思想家而出现的（他们是这一阶级的积极的，有概括能力的思想家，他们把编造这一阶级关

1 《观堂集林·释史》。

2 史、祝、卜是同一的，如"公筮之，史曰吉"(《左传·成公十六年》)，"晋赵鞅卜求救郑，遇水适火，占诸史赵史星史龟"(《左传·哀公九年》)，"使祝史徙主祏于周庙"(《左传·昭公十八年》)，"其祝史陈信于鬼神"(《左传·襄公二十七年》)，"我大史也，实掌其祭"(《左传·闵公二年》)，"夫人作享，家为巫史"(《楚语下》)，等等。

于自身的幻想当作谋生的主要泉源）……”[1]。中国古代的“巫”“尹”“史”正是这样。他们是殷周统治者阶级中一批积极的、有概括能力的“思想家”，他们“格于皇天”，“格于上帝”，是僧侣的最初形式。他们在宗教衣装下，为其本阶级的利益考虑未来，出谋划策，从而好像他们的这种脑力活动是某种与现存实践意识不同的东西，它不是去想象现存的各种事物，而是能够真实地想象某种东西，这即是通过神秘诡异的巫术——宗教形式来提出“理想”，预卜未来，编造关于自身的幻想，把阶级的统治说成是上天的旨意。“自古帝王将建国受命，兴动事业，何尝不宝卜筮以助善。唐虞以上，不可记已，自三代之兴，各据祯祥。”（《史记·龟策列传》）这也恰好表明，“唐虞以上”的原始社会还不好说，夏、商、周的“建国受命”建立统治，则总是要依赖这些“巫”“史”“尹”来编造、宣传本阶级的幻想和“祯祥”。

这种“幻想”和“祯祥”，这种“真实地想象”即意识形态的独立的专门生产，以写实图像的形态，表现在青铜器上。如果说，陶器纹饰的制定、规范和演变，大抵还是尚未脱离物质生产的氏族领导成员，体现的是氏族部落的全民性的观念、想象，那么，青铜器纹饰的制定规范者，则应该已是这批宗教性政治性的大人物，这些“能真实地想象某种东西”的巫、尹、史。尽管青铜器的铸造者是体力劳动者甚至奴隶，尽管某些青铜器纹饰也可溯源于原始图腾和陶器图案，但它们毕竟主要是体现了早期宗法制社会的统治者的威严、力量和意志。它们与陶器上神秘怪异的几何纹样，在性质上已有了区别。以饕餮为突出代表的青铜器纹饰，已不同于神异的几何抽象纹饰，它们是远为具体的动物形象，但

1 《德意志意识形态》。

又确乎已不是去“想象某种真实的东西”，在现实世界并没有对应的这种动物；它们属于“真实地想象”出来的“某种东西”，这种东西是为其统治的利益、需要而想象编造出来的“祯祥”或标记。它们以超世间的神秘威吓的动物形象，表示出这个初生阶级对自身统治地位的肯定和幻想：

> 昔夏之方有德也，远方图物，贡金九牧，铸鼎象物，百物而为之备，使民知神奸。故民入川泽山林，不逢不若。魑魅魍魉，莫能逢之。用能协于上下以承天休。（《左传·宣公三年》）

以饕餮为代表的青铜器纹饰具有肯定自身、保护社会、“协上下”“承天休”的祯祥意义。那么，饕餮究竟是什么呢？这迄今尚无定论。唯一可以肯定的是，它是兽面纹。是什么兽？则各种说法都有：牛、羊、虎、鹿、山魈……本书基本同意它是牛头纹。但此牛非凡牛，而是当时巫术宗教仪典中的圣牛[1]。现代民俗学对西南少数民族的调查表明，牛头作为巫术宗教仪典的主要标志，被高高挂在树梢，对该民族部落具有极为重要的神圣意义和保护功能。它实际是原始祭祀礼仪的符号标记。这符号在幻想中含有巨大的原始力量，从而是神秘、恐怖、威吓的象征，它可能就是上述巫、尹、史们的幻想杰作。所以，各式各样的饕餮纹样及以它为主体的整个青铜器其他纹饰和造型、特征都在突出这种指向一种无限深渊的原始力量，突出在这种神秘威吓面前的畏怖、恐惧、残酷和凶狠。你看那些著名的商鼎和周初鼎，你看那个兽（人？）

1　古史艳称的所谓“伊尹以宰割要汤”，实际可能是与宰割圣牛有关祭祀的故事。周人祭祀仍用牛。《论语》：“犁牛之子，骍且角，虽欲勿用，山川其舍诸？”

面大钺，你看那满身布满了的雷纹，你看那与饕餮纠缠在一起的夔龙夔凤，你看那各种变异了的、并不存在于现实世界的各种动物形象，例如那神秘的夜的使者——鸱枭，你看那可怖的人面鼎，……它们远不再是仰韶彩陶纹饰中的那些生动活泼愉快写实的形象了，也不同于尽管神秘毕竟抽象的陶器的几何纹样了。它们完全是变形了的、风格化了的、幻想的、可怖的动物形象。它们呈现给你的感受是一种神秘的威力和狞厉的美。它们之所以具有威吓神秘的力量，不在于这些怪异动物形象本身有如何的威力，而在于以这些怪异形象为象征符号，指向了某种似乎是超世间的权威神力的观念；它们之所以美，不在于这些形象如何具有装饰风味等等（如时下某些美术史所认为），而在于以这些怪异形象的雄健线条，深沉凸出的铸造刻饰，恰到好处地体现了一种无限的、原始的、还不能用概念语言来表达的原始宗教的情感、观念和理想，配上那沉着、坚实、稳定的器物造型，极为成功地反映了“有虔秉钺，如火烈烈”(《诗·商颂》)那进入文明时代所必经的血与火的野蛮年代。

人类从动物开始。为了摆脱动物状态，人类最初使用了野蛮的，几乎是动物般的手段，这就是历史真相。历史从来不是在温情脉脉的人道牧歌声中进展，相反，它经常要无情地践踏着千万具尸体而前行。战争就是这种最野蛮的手段之一。原始社会晚期以来，随着氏族部落的吞并，战争越来越频繁，规模越来越巨大。中国兵书成熟如此之早，正是长期战争经验的概括反映。“自剥林木（剥林木而战）而来，何日而无战？大昊之难，七十战而后济；黄帝之难，五十二战而后济；少昊之难，四十八战而后济；昆吾之战，五十战而后济；牧野之战，血流漂杵。”(罗泌《路史·前纪卷五》) 大概从炎黄时代直到殷周，大规模的氏族部落之间的合并战争，以及随之而来的大规模的、经常的屠杀、俘获、掠夺、奴役、压迫和剥削，便是社会的基本动向和历史的常规课题。暴力是文明社会的产婆。炫耀暴力和武功是氏族、部落大合并的早期宗法制这一整个历史时期的光辉和骄傲。所以继原始的神话、英雄之后的，便是这种对自己氏族、祖先和当代的这种种野蛮吞并战争的歌颂和夸扬。殷周青铜器也大多为此而制作，它们作为祭祀的“礼器”，多半供献给祖先或铭记自己武力征伐的胜利。与当时大批杀俘以行祭礼完全吻同合拍。“非我族类，其心必异”，杀掉甚或吃掉非本氏族、部落的敌人是原始战争以来的史实，杀俘以祭本氏族的图腾和祖先，更是当时的常礼。因之，吃人的饕餮倒恰好可作为这个时代的标准符号。《吕氏春秋·先识览》说：“周鼎著饕餮，有首无身，食人未咽，害及其身。”神话失传，意已难解。但“吃人”这一基本含义，却是完全符合凶怪恐怖的饕餮形象的。它一方面是恐怖的化身，另方面又是保护的神祇。它对异氏族、部落是威惧恐吓的符号，对本氏族、部落则又具有保护的神力[1]。这种双重性的宗教观念、情感和想象便凝聚在此怪异狞厉的形象之中。在今天看来是如此之野蛮，在当时则有其历史的合理性。也正因如此，古代诸氏族的野蛮的神话传说，残暴的战争故事和艺术作品，包括荷马的史诗、非洲的面具……尽管非常粗野，甚至狞厉可怖，却仍然保持着巨大的美学魅力。中国的青铜饕餮也是这样。在那看来狞厉可畏的威吓神秘中，积淀着一股深沉的历史力量。它的神秘恐怖正只是与这种无可阻挡的巨大历史力量相结合，才成为美——崇高的。人在这里确乎毫无地位和力量，有地位的是这种神秘化的动物变形，它威吓、吞食、压制、践踏着人的身心。但当时社会必须通过这种种血与火的凶残、野

1　据张光直《中国青铜器时代》，“吃人”旧解误，人头于兽口中乃讲通天人之巫（Shaman），且此兽于人乃相助者而非敌对者。即使如此，上述论断仍可成立。

蛮、恐怖、威力来开辟自己的道路而向前跨进。用感伤态度便无法理解青铜时代的艺术。这个动辄杀戮千百俘虏、奴隶的历史年代早成过去，但代表、体现这个时代精神的青铜艺术之所以至今为我们所欣赏、赞叹不绝，不正在于它们体现了这种被神秘化了的客观历史前进的超人力量吗？正是这种超人的历史力量才构成了青铜艺术的狞厉的美的本质。这如同给人以恐怖效果的希腊悲剧所渲染的命运感，由于体现着某种历史必然性和力量而成为美的艺术一样。超人的历史力量与原始宗教神秘观念的结合，也使青铜艺术散发着一种严重的命运气氛，加重了它的神秘狞厉风格。

同时，由于早期宗法制与原始社会毕竟不可分割，这种种凶狠残暴的形象中，又仍然保持着某种真实的稚气，从而使这种毫不掩饰的神秘狞厉，反而荡漾出一种不可复现和不可企及的童年气派的美丽。特别是今天看来，这一特色更为明白。你看那个兽（人）面大钺，尽管在有意识地极力夸张狰狞可怖，但其中不又仍然存留着某种稚气甚至妩媚的东西么？好些饕餮纹饰也是如此。它们仍有某种原始的、天真的、拙朴的美。

所以，远不是任何狰狞神秘都能成为美。恰好相反，后世那些张牙舞爪的各类人、神造型或动物形象，尽管如何夸耀威吓恐惧，却徒然只显其空虚可笑而已。它们没有青铜艺术这种历史必然的命运力量和人类早期的童年气质。

社会愈发展，文明愈进步，也才愈能欣赏和评价这种崇高狞厉的美。在宗法制时期，它们并非审美观赏对象，而是诚惶诚恐顶礼供献的宗教礼器；在封建时代，也有因为害怕这种狞厉形象而销毁它们的史实，“旧时有谓钟鼎为祟而毁器之事，盖即缘于此等形象之可骇怪而致”[1]。恰恰只有在物质文明高度发展，宗教观念已经淡薄，残酷凶狠已成陈迹的文明社会里，体现出远古历史前进的力量和命运的艺术，才能为人们所理解、欣赏和喜爱，才成为真正的审美对象。

1　郭沫若:《青铜时代·彝器形象学试探》。原注:“隋书，开皇十一年正月丁亥，以平陈所得古器多为祸变，悉命毁之。”“靖康北徙，器亦北迁，金汴季年，钟鼎为祟，宫殿之玩，悉毁无余。”

二　线的艺术

与青铜时代同时发达成熟的，是汉字。汉字作为书法，终于在后世成为中国独有的艺术部类和审美对象。追根溯源，也应回顾到它的这个定形确立时期。

甲骨文已是相当成熟的汉字了。它的形体结构和造字方式，为后世汉字和书法的发展奠定了原则和基础。汉字是以“象形”“指事”为本源。“象形”有如绘画，来自对对象概括性极大的模拟写实。然而如同传闻中的结绳记事一样，从一开始，象形字就已包含有超越被模拟对象的符号意义。一个字表现的不只是一个或一种对象，而且也经常是一类事实或过程，也包括主观的意味、要求和期望。这即是说，“象形”中也已蕴涵有“指事”“会意”的内容。正是这个方面使汉字的象形在本质上有别于绘画，具有符号所特有的抽象意义、价值和功能。但由于它既源出于“象形”，并且在其发展行程中没有完全抛弃这一原则，从而就使这种符号作用所寄居的字形本身，以形体模拟的多样可能性，取得相对独立的性质和自己的发展道路，即是说，汉字形体获得了独立于符号意义（字义）的发展途径。以后，它更以其净化了的线条美——比彩陶纹饰的抽象几何纹还要更为自由和更为多样的线的曲直运动和空间构造，表现出和表达出种种形体姿态、情感意兴和气势力量，终于形成中国特有的线的艺术：书法。

许慎在《说文解字·序》中说：

> 仓颉之初作书，盖依类象形，故谓之文。

以后许多书家也认为，作为书法的汉字确有模拟、造型这个方面：

> 或象龟文，或比龙鳞，舒体放尾，长翅短身，颉若黍稷之垂颖，蕴若虫蛇之棼缊。（蔡邕：《篆势》）

> 或栉比针列，或砥绳平直，或蜿蜒缪戾，或长邪角趣。（《隶势》）

> 缅想圣达立卦造书之意，乃复仰观俯察六合之际焉。于天地山川得玄远流峙之形，于日月星辰得经纬昭回之度，于云霞草木得霏布滋蔓之容，于衣冠文物得揖让周旋之体，于须眉口鼻得喜怒惨舒之分，于虫鱼禽兽得屈伸飞动之理，于骨角齿牙得摆抵咀嚼之势。随手万变，任心所成，可谓通三才之品，汇备万物之性状者矣。（李阳冰：《论篆》）

这表明，从篆书开始，书家和书法必须注意对客观世界各种对象、形体、姿态的模拟、吸取，即使这种模拟吸取具有极大的灵活性、概括性和抽象化的自由。这是一方面。另一方面，“象形”作为“文”的本意，是汉字的始源。后世“文”的概念便扩而充之相当于“美”。汉字书法的美也确乎建立在从象形基础上演化出来的线条章法和形体结构之上，即在它们的曲直适宜，纵横合度，结体自如，布局完满。甲骨文开始了这个美的历程。“至其悬针垂韭之笔致，横直转折，安排紧凑，又如三等角之配合。空间疏密之调和，诸如此类，竟能给一段文字以全篇之美观。此美莫非来自意境而为当时书家精意结构可知也。”[1] 应该说，这种净化了的线条美——书法艺术在当时远远不是自觉的。就是到钟鼎金文的数百年过程中，由开始的图画形体发展到后来的线的着意舒展，由开始的单个图腾符号发展到后来长篇的铭功记事，也一直要到东周春秋之际，才比较明显地表现出对这种书法美的有意识地追求。它与当时铭文内容的滋蔓和文章风格的追求是颇相一致的。郭沫若说，“东周而后，书史之性质变而为文饰，如钟镈之铭多韵语，以规整之款式镂刻于器表，其字体亦多作波磔而有意求工。……凡此均于审美意识之下所施之文饰也，其效用与花纹同。中国以文字为艺术品之习尚当自此始”[2]。有如青铜饕餮这时也逐渐变成了好看的文饰一样。在早期，青铜饕餮和这些汉字符号（经常铸刻在不易为人所见的器物底部等处）都具严重的神圣含义，根本没考虑到审美，但到春秋战国，它作为审美对象的艺术特性便突出地独立地发展开来了。与此并行，具有某种独立性质的艺术作品和审美意识也要到这时才真正出现。

如果拿殷代的金文和周代比，前者更近于甲文，直线多而圆角少，

---

1 邓以蛰：《书法之欣赏》，转引自宗白华：《中国书法中的美学思想》，《哲学研究》1962 年第 1 期。

2 郭沫若：《青铜时代 · 周代彝铭进化观》。

首尾常露尖锐锋芒。但布局、结构的美虽不自觉，却已有显露。到周金中期的大篇铭文，则章法讲究，笔势圆润，风格分化，各派齐出，字体或长或圆，刻划或轻或重。著名的《毛公鼎》《散氏盘》等达到了金文艺术的极致。它们或方或圆，或结体严正、章法严劲而刚健，一派崇高肃穆之气；或结体沉圆，似疏而密，外柔而内刚，一派开阔宽厚之容。它们又都以圆浑沉雄的共同风格区别于殷商的尖利直拙。"中国古代商周铜器铭文里所表现章法的美，令人相信仓颉四目窥见了宇宙的神奇，获得自然界最深妙的形式的秘密。""通过结构的疏密，点画的轻重，行笔的缓急……就像音乐艺术从自然界的群声里抽出乐音来，发展这乐音间相互结合的规律，用强弱、高低、节奏、旋律等有规律的变化来表现自然界社会界的形象和内心的情感。"[1]在这些颇带夸张的说法里，倒可以看出作为线的艺术的中国书法的某些特征：它像音乐从声音世界里提炼抽取出乐音来，依据自身的规律，独立地展开为旋律、和声一样，净化了的线条——书法美，以其挣脱和超越形体模拟的笔画（后代成为所谓"永字八法"）的自由开展，构造出一个个一篇篇错综交织、丰富多样的纸上的音乐和舞蹈，用以抒情和表意。可见，甲骨、金文之所以能开创中国书法艺术独立发展的道路，其秘密正在于它们把象形的图画模拟，逐渐变为纯粹化了（即净化）的抽象的线条和结构。这种净化了的线条——书法美，就不是一般的图案花纹的形式美、装饰美，而是真正意义上的"有意味的形式"。一般形式美经常是静止的、程式化、规格化和失去现实生命感、力量感的东西（如美术字），"有意味的形式"则恰恰相反，它是活生生的、流动的、富有生命暗示和表现力量的美。中

1　宗白华：《中国书法中的美学思想》。

国书法——线的艺术非前者而正是后者，所以，它不是线条的整齐一律均衡对称的形式美，而是远为多样流动的自由美。行云流水，骨力追风，有柔有刚，方圆适度。它的每一个字、每一篇、每一幅都可以有创造、有变革甚至有个性，并不做机械的重复和僵硬的规范。它既状物又抒情，兼备造型（概括性的模拟）和表现（抒发情感）两种因素和成分，并在其长久的发展行程中，终以后者占了主导和优势（参看本书《盛唐之音》）。书法由接近于绘画雕刻变而为可等同于音乐和舞蹈。并且，不是书法从绘画而是绘画要从书法中吸取经验、技巧和力量。运笔的轻重、疾涩、虚实、强弱、转折顿挫、节奏韵律，净化了的线条如同音乐旋律一般，它们竟成了中国各类造型艺术和表现艺术的魂灵。

金文之后是小篆，它是笔画均匀的曲线长形，结构的美异常突出，再后是汉隶，破圆而方，变联续而断绝，再变而为草、行、真，随着时代和社会发展变迁，就在这“上下左右之位，方圆大小之形”的结体和“疏密起伏”“曲直波澜”的笔势中，创造出了各种各样多彩多姿的书法艺术。它们具有高度的审美价值。与书法同类的印章也如此。在一块极为有限的小小天地中，却以其刀笔和结构，表现出种种意趣气势，形成各种风格流派，这也是中国所独有的另一“有意味的形式”。而印章究其字体始源，又仍得追溯到青铜时代的钟鼎金文。

三　解体和解放

如前所述，金文、书法到春秋战国已开始了对美的有意识的追求，整个青铜艺术亦然。审美、艺术日益从巫术与宗教的笼罩下解放出来，正如整个社会生活日益从早期宗法制保留的原始公社结构体制下解放出来一样。但是这样一来，作为时代镜子的青铜艺术也就走上了它的没落之途。“如火烈烈”的蛮野恐怖已成过去，理性的、分析的、细纤的、人间的意兴趣味和时代风貌日渐蔓延。作为祭祀的青铜礼器也日益失去其神圣光彩和威吓力量。无论造型或纹饰，青铜器都在变化。

迄今国内关于这个问题可资遵循的材料，仍然是郭沫若三十年代的分期。郭指出殷周青铜器可分为四期。

第一期是“滥觞期”，青铜初兴，粗制草创，纹饰简陋，乏美可赏。

第二期为“勃古期”(“殷商后期至周成康昭穆之世”)。这个时期的器物“为向来嗜古者所宝重。其器多鼎，……形制率厚重，其有纹缋者，刻镂率深沉，多于全身雷纹之中，施以饕餮纹，夔凤夔龙象纹等次之，大抵以雷纹饕餮为纹缋之领导。……饕餮、夔龙、夔凤，均想像中之奇异动物。……象纹率经幻想化而非写实”[1]。这也就是上面讲过的青铜艺术的成熟期，也是最具有审美价值的青铜艺术品。它以中国特有的三足器——鼎为核心代表，器制沉雄厚实，纹饰狞厉神秘，刻镂深重凸出。此外如殷器古父己卣，“颈部及圈足各饰夔纹，腹部饰以浮雕大牛头，双角翘起，突出器外，巨睛凝视，有威严神秘的风格。铭文字体是典型的商代后期风格”[2]。如周器伯矩鬲，也同样是突出牛头、尖角，一派压力雄沉神秘之感。它们都是青铜艺术的美的标本。

第三期是“开放期”。郭沫若说，“开放期的器物，……形制率较前期简便。有纹缋者，刻镂渐浮浅，多粗花。前期盛极一时之雷纹，几至绝迹。饕餮失其权威，多缩小而降低于附庸地位（如鼎簋等之足）。夔龙夔凤等，化为变相夔纹，盘夔纹，……大抵本期之器已脱去神话传统之束缚”[3]。与“铸器日趋简陋，勒铭亦日趋于简陋”相并行，这正是青铜时代的解体期。社会在发展，文明在跨进，生产力在提高，铁器和牛耕大量普及，保留有大量原始社会体制结构的早期宗法制走向衰亡。工商奴隶主和以政刑成文法典为标志的新兴势力、体制和变法运动代之而兴。社会的解体和观念的解放是联在一起的。怀疑论、无神论思潮在春秋已蔚为风气，殷周以来的远古巫术宗教传统在迅速褪色，失去其神圣的地位和纹饰的位置。再也无法用原始的、非理性的、不可言说的怖厉神秘来威吓、管辖和统治人们的身心了。所以，作为那个时代精神的艺术符号的青铜饕餮也“失其权威，多缩小而降低于附庸地位”了。中国古代社会在意识形态领域进入第一个理性主义的新时期。

---

1 郭沫若：《青铜时代·彝器形象学试探》。

2 《殷周青铜器选》，文物出版社，1976 年。

3 郭沫若：《青铜时代·彝器形象学试探》。

第四期是“新式期”。新式期之器物“形式可分为堕落式与精进式两种。堕落式沿前期之路线而益趋简陋，多无纹缋。……精进式则轻灵而多奇构，纹缋刻镂更浅细。……器之纹缋多为同一印板之反复，纹样繁多，不主故常。与前二期之每成定式大异其撰。其较习见者，为蟠螭纹或蟠虺纹，乃前期蟠夔纹之精巧化也。有镶嵌错金之新奇，有羽人飞兽之跃进，附丽于器体之动物，多用写实形”[1]。

这一时期已是战国年代。这两种式样恰好准确地折射出当时新旧两种体系、力量和观念的消长兴衰，反映着旧的败亡和新的崛起。所谓无纹缋的“堕落式”，是旧有巫术宗教观念已经衰颓的反映；而所谓“轻灵多巧”的“精进式”，则代表一种新的趣味、观念、标准和理想在勃兴。尽管它们还是在青铜器物、纹饰、形象上变换花样，但已具有全新的性质、内容和含义。它们已是另一种青铜艺术、另一种美了。

这种美在于，宗教束缚的解除，使现实生活和人间趣味更自由地进入作为传统礼器的青铜领域。手法由象征而写实，器形由厚重而轻灵，造型由严正而“奇巧”，刻镂由深沉而浮浅，纹饰由简体、定式、神秘而繁复、多变、理性化。到战国，世间的征战，车马、戈戟等等，统统以接近生活的写实面貌和比较自由生动、不受拘束的新形式上了青铜器。

像近年出土的战国中山王墓的大量铜器就很标准。除了那不易变动的“中”形礼器还保留着古老图腾的狞厉威吓的特色外，其他都已经理性化、世间化了。玉器也逐渐失去远古时代的象征意义，而更多成为玩赏的对象，或赋予伦理的含意。你看那夔纹玉佩饰，你看那些浮雕石

---

1 郭沫若:《青铜时代·彝器形象学试探》。

板，你看那颀长秀丽的长篇铭文，尽管它们仍属祭祀礼器之类，但已毫不令人惧畏、惶恐或崇拜，而只能使人惊讶、赞赏和抚爱。那四鹿四龙四凤铜方案、十五连盏铜灯，制作是何等精巧奇异，真不愧为“奇构”，美得很。然而，却不能令人起任何崇高之感。尽管也有龙有凤，但这种龙、凤以及饕餮已完全失去其主宰人们、支配命运的历史威力，最多只具有某种轻淡的神怪意味以供人玩赏装饰罢了。战国青铜壶上许多著名的宴饮、水陆攻战纹饰，纹饰是那么肤浅，简直像浮在器面表层上的绘画，更表明一种全新的审美趣味、理想和要求在广为传播。其基本特点是对世间现实生活肯定，对传统宗教束缚的挣脱，是观念、情感、想象的解放。青铜器上充满了各种活泼的人间图景：仅在一个铜壶表面上，“第一层右方是采桑，左方是羽射及狩猎。第二层左方是射雁……右方是许多人饮宴于楼上，楼下的一个女子在歌舞，旁有奏乐者相伴，有击磬的，有击钟的……第三层左方是水战，右方是攻防战：一面是坚壁防守，一面是用云梯攻城”[1]。你看那引满的弓、游动的鱼、飞行的鸟、荷戟的人……正如前述中山王墓中的十五连盏铜灯等青铜器已是汉代长信宫灯、马踏飞燕等作品的直接前驱一样，这些青铜浅浮雕不也正是汉代艺术——例如著名的汉画像石的直接先导么？它们更接近于汉代而不接近殷周，尽管它们仍属于青铜艺术。这正像在社会性质上，战国更接近秦汉而大不同于殷、周（前期）一样。

然而，当青铜艺术只能作为表现高度工艺技巧水平的艺术作品时，实际便已到它的终结之处。战国青铜巧则巧矣，确乎可以炫人心目，但如果与前述那种狞厉之美的殷周器物一相比较，则力量之厚薄，气魄之

1 杨宗荣编：《战国绘画资料》第 7 页，中国古典艺术出版社，1957 年。

大小，内容之深浅，审美价值之高下，就判然有别。十分清楚，人们更愿欣赏那狞厉神秘的青铜饕餮的崇高美，它们毕竟是那个“如火烈烈”的社会时代精神的美的体现。它们才是青铜艺术的真正典范。

三

先秦理性精神

一　儒道互补

所谓“先秦”，一般均指春秋战国而言，它以氏族公社基本结构解体为基础，是中国古代社会最大的激剧变革时期。在意识形态领域，也是最为活跃的开拓、创造时期，百家蜂起，诸子争鸣。其中所贯穿的一个总思潮、总倾向，便是理性主义，正是它承先启后，一方面摆脱原始巫术宗教的种种观念传统，另方面开始奠定汉民族的文化—心理结构。就思想、文艺领域说，这主要表现为以孔子为代表的儒家学说，以庄子为代表的道家，则作了它的对立和补充。儒道互补是两千多年来中国思想一条基本线索。

汉文化所以不同于其他民族的文化，中国人所以不同于外国人，中华艺术所以不同于其他艺术，其思想来由仍应追溯到先秦孔学。不管是好是坏，是批判还是继承，孔子在塑造中国民族性格和文化—心理结构上的历史地位，已是一种难以否认的客观事实[1]。孔学在世界上成为中国文化的代名词，并非偶然。

孔子所以取得这种历史地位是与他用理性主义精神来重新解释古代

1　参看拙作：《孔子再评价》，《中国社会科学》1980年第2期。

原始文化——“礼乐”分不开的。他把原始文化纳入实践理性的统辖之下。所谓“实践理性”，是说把理性引导和贯彻在日常现实世间生活、伦常感情和政治观念中，而不做抽象的玄思。继孔子之后，孟、荀完成了儒学的这条路线。

这条路线的基本特征是：怀疑论或无神论的世界观和对现实生活积极进取的人生观。它以心理学和伦理学的结合统一为核心和基础。孔子答宰我“三年之丧”，把这一点表现得非常明朗：

> 宰我问三年之丧，期已久矣。君子三年不为礼，礼必坏；三年不为乐，乐必崩。旧谷既没，新谷既升，钻燧改火，期可已矣。子曰，食夫稻，衣夫锦，于女安乎？曰安。女安则为之。夫君子之居丧，食旨不甘，闻乐不乐，居处不安，故不为也。今女安则为之。宰我出。子曰，予之不仁也。子生三年，然后免于父母之怀。夫三年之丧，天下之通丧也。予也有三年之爱于其父母乎？（《论语·阳货》）

且不管三年丧制是否儒家杜撰，这里重要的，是把传统礼制归结和建立在亲子之爱这种普遍而又日常的心理基础和原则之上。把一种本来没有多少道理可讲的礼仪制度予以实践理性的心理学的解释，从而也就把原来是外在的强制性的规范，改变而为主动性的内在欲求，把礼乐服务和服从于神，变而为服务和服从于人。孔子不是把人的情感、观念、仪式（宗教三要素[1]）引向外在的崇拜对象或神秘境界，相反，而是把这

---

1 参看普列汉诺夫：“可以给宗教下一个这样的定义：宗教是观念、情绪和活动的相当严整的体系。观念是宗教的神话因素，情绪属于宗教感情领域，而活动则属于宗教礼拜方面，换句话说，属于宗教仪式方面。”（《论俄国的宗教探寻》，《普列汉诺夫哲学选集》第三卷，第 363 页。）

三者引导和消融在以亲子血缘为基础的世间关系和现实生活之中，使情感不导向异化了的神学大厦和偶像符号，而将其抒发和满足在日常心理—伦理的社会人生中。这也正是中国艺术和审美的重要特征。《乐论》（荀子）与《诗学》（亚里士多德）的中西差异（一个强调艺术对于情感的构建和塑造作用，一个重视艺术的认识模拟功能和接近宗教情绪的净化作用），也由此而来。中国重视的是情、理结合，以理节情的平衡，是社会性、伦理性的心理感受和满足，而不是禁欲性的官能压抑，也不是理知性的认识愉快，更不是具有神秘性的情感迷狂（柏拉图）或心灵净化（亚里士多德）。

与“礼”被重新解释为“仁”（孔子）、为“仁政”、为“人皆有不忍人之心”（孟子）一样，“乐”也被重新做了一系列实践理性的规定和解释，使它从原始巫术歌舞中解放出来：“礼云礼云，玉帛云乎哉。乐云乐云，钟鼓云乎哉。”（《论语·阳货》）“乐则生矣，生则恶可已也？恶可已；则不知足之蹈之，手之舞之。”（《孟子·离娄上》）“口之于味也，有同嗜焉；耳之于声也，有同听焉；目之于色也，有同美焉。”（《孟子·告子上》）在这里，艺术已不是外在的仪节形式，而是（一）它必须诉之于感官愉快并具有普遍性；（二）与伦理性的社会感情相联系，从而与现实政治有关。这种由孔子开始的对礼乐的理性主义新解释，到荀子学派手里，便达到了最高峰。而《乐记》一书也就成了中国古代最早最专门的美学文献。

> 夫乐者，乐也。人情之所必不免也。故人不能无乐。……使其声足以乐而不流，使其文足以辨而不諰，使其曲直、繁省、廉肉、节奏，足以感动人之善心，使夫邪污之气无由得接焉。（《荀

子·乐论》)

凡音者，生人心者也。情动于中，故形于声。声成文，谓之音。是故治世之音安以乐，其政和；乱世之音怨以怒，其政乖；亡国之音哀以思，其民困。声音之道，与政通矣。(《乐记·乐本》)

郭沫若说："中国旧时的所谓'乐'，它的内容包含得很广。音乐、诗歌、舞蹈，本是三位一体可不用说，绘画、雕镂、建筑等造型美术也被包含着，甚至于连仪仗、田猎、肴馔等都可以涵盖。所谓乐者，乐也。凡是使人快乐，使人的感官可以得到享受的东西，都可以广泛地称之为乐，但它以音乐为其代表，是毫无问题的。"[1]可见《乐记》所总结提出的便不只是音乐理论而已，而是以音乐为代表关于整个艺术领域的美学思想，把音乐以及各种艺术与官能（"目欲綦色，耳欲綦声，口欲綦味……"）和情感（"乐从中出"，"夫民有好恶之情而无喜怒之应，则乱"）紧相联系，认为"乐近于仁，义近于理""乐统同，礼辨异"，清楚指明了艺术—审美不同于理知制度等外在规范的内在情感特性，但这种情感感染和陶冶又是与现实社会生活和政治状态紧相关联的，"其善民心，其移风易俗易"。

正因为重视的不是认识模拟，而是情感感受，于是，与中国哲学思想相一致，中国美学的着眼点更多不是对象、实体，而是功能、关系、韵律。从"阴阳"（以及后代的有无、形神、虚实等）、"和同"到气势、韵味，中国古典美学的范畴、规律和原则大都是功能性的。它们作为矛盾结构，强调得更多的是对立面之间的渗透与协调，而不是对立面的排

1 郭沫若：《青铜时代·公孙尼子与其音乐理论》。

斥与冲突。作为反映，强调得更多的是内在生命意兴的表达，而不在模拟的忠实、再现的可信。作为效果，强调得更多的是情理结合、情感中潜藏着智慧以得到现实人生的和谐和满足，而不是非理性的迷狂或超世间的信念。作为形象，强调得更多的是情感性的优美（“阴柔”）和壮美（“阳刚”），而不是宿命的恐惧或悲剧性的崇高。所有这些中国古典美学的“中和”原则和艺术特征，都无不可以追溯到先秦理性精神。

理性精神是先秦各派的共同倾向。名家搞逻辑，法家倡刑名，都表现出这一点。其中，与美学—艺术领域关系更大和影响深远的，除儒学外，要推以庄子为代表的道家。道家作为儒家的补充和对立面，相反相成地在塑造中国人的世界观、人生观、文化心理结构和艺术理想、审美兴趣上，与儒家一道，起了决定性的作用。

还要从孔子开始。孔子世界观中的怀疑论因素和积极的人生态度（“敬鬼神而远之，可谓知矣”“知其不可而为之”等等），一方面终于发展为荀子、《易传》的乐观进取的无神论（“制天命而用之”“天行健，君子以自强不息”），另方面则演化为庄周的泛神论。孔子对氏族成员个体人格的尊重（“三军可夺帅也，匹夫不可夺志也”），一方面发展为孟子的伟大人格理想（“富贵不能淫，贫贱不能移，威武不能屈”），另方面也演化为庄子的遗世绝俗的独立人格理想（“彷徨乎尘垢之外，逍遥乎无为之业”）。表面看来，儒、道是离异而对立的，一个入世，一个出世；一个乐观进取，一个消极退避，但实际上它们刚好相互补充而协调。不但“兼济天下”与“独善其身”经常是后世士大夫的互补人生路途，而且悲歌慷慨与愤世嫉俗，“身在江湖”而“心存魏阙”，也成为中国历代知识分子的常规心理以及其艺术意念。但是，儒、道又毕竟是离异的。如果说荀子强调的是“性无伪则不能自美”，那么庄子强调的却是“天地有大美而不言”。前者强调艺术的人工制作和外在功利，后者突出的是自然，即美和艺术的独立。如果前者由于以其狭隘实用的功利框架，经常造成对艺术和审美的束缚、损害和破坏，那么，后者则恰恰给予这种框架和束缚以强有力的冲击、解脱和否定。浪漫不羁的形象想象，热烈奔放的情感抒发。独特个性的追求表达，它们从内容到形式不断给中国艺术发展提供新鲜的动力。庄子尽管避弃现世，却并不否定生命，而毋宁对自然生命抱着珍贵爱惜的态度，这使他的泛神论的哲学思想和对待人生的审美态度充满了感情的光辉，恰恰可以补充、加深儒家而与儒家一致。所以说，老庄道家是孔学儒家的对立的补充者。

“可以言论者，物之粗也。可以意致者，物之精也。言之所不能论，意之所不能察致者，不期精粗焉。”(《庄子·秋水》)“世之所贵道者，书也，书不过语，语有贵也。语之所贵者，意也；意有所随，意之所随者，不可言传也。而世因贵言传书。世虽贵之，我犹不足贵也，为其贵非其贵也。”(《庄子·天道》) 在这些似乎神秘的说法中，却比儒家以及其他任何派别更抓住了艺术、审美和创作的基本特征：形象大于思想；想象重于概念；大巧若拙，言不尽意；用志不纷，乃凝于神。儒家强调的是官能、情感的正常满足和抒发（审美与情感、官能有关），是艺术为社会政治服务的实用功利；道家强调的是人与外界对象的超功利的无为关系亦即审美关系，是内在的、精神的、实质的美，是艺术创造的非认识性的规律。如果说，前者（儒家）对后世文艺的影响主要在主题内容方面，那么，后者则更多在创作规律方面，亦即审美方面。而艺术作为独特的意识形态，重要性恰恰是其审美规律。

二　赋比兴原则

如果说，诉诸感官知觉的审美形式的各艺术部类在旧、新石器时代便有了开端。那么，以概念文字为材料，诉诸想象的艺术——文学的发生发展却要晚得多。尽管甲骨（卜辞）、金文（钟鼎铭文）以及《易经》的某些经文、《诗经》的《雅》(《大雅》)《颂》都含有具有审美意义的片断文句，但它们未必能算真正的文学作品。“虞夏之书浑浑尔，商书灏灏尔，周书噩噩尔。”（扬雄：《法言》）这些古老文字毕竟难以卒读，不可能唤起人们对它们的审美感受。真正可以作为文学作品看待的，仍然要首推《诗经》中的《国风》和先秦诸子的散文。原始文字由记事、祭神变而为抒情、说理，刚好是春秋战国或略早的产物。它们以艺术的形式共同体现了那个时代的理性精神。《诗经·国风》中的“民间”恋歌和氏族贵族们的某些咏叹，奠定了中国诗的基础及其以抒情为主的基本美学特征：

泛彼柏舟，亦泛其流，耿耿不寐，如有隐忧。……我心匪石，不可转也；我心匪席，不可卷也；威仪棣棣，不可选也。忧心悄

悄，愠于群小，觏闵既多，受侮不少，静言思之，寤辟有摽。(《邶风·柏舟》)

彼黍离离，彼稷之苗，行迈靡靡，中心摇摇，知我者谓我心忧，不知我者谓我何求，悠悠苍天，此何人哉。(《王风·黍离》)

风雨凄凄，鸡鸣喈喈，既见君子，云胡不夷？风雨潇潇，鸡鸣胶胶，既见君子，云胡不瘳？风雨如晦，鸡鸣不已，既见君子，云胡不喜？(《郑风·风雨》)

蒹葭苍苍，白露为霜。所谓伊人，在水一方。溯洄从之，道阻且长；溯流从之，宛在水中央。……(《秦风·蒹葭》)

昔我往矣，杨柳依依。今我来思，雨雪霏霏。行道迟迟，载渴载饥。我心伤悲，莫知我哀。(《小雅·采薇》)

虽然这些诗篇中所咏叹、感喟、哀伤的具体事件或内容已很难知晓，但它们所传达出来的那种或喜悦或沉痛的真挚情感和塑造出来的生动真实的艺术形象，那种一唱三叹反复回环的语言形式和委婉而悠长的深厚意味，不是至今仍然感人的么？它们不同于其他民族的古代长篇叙事史诗，而是一开始就以这种虽短小却深沉的实践理性的抒情艺术感染着、激励着人们。它们从具体艺术作品上体现了中国美学的民族特色。

也正是从《诗经》的这许多具体作品中，后人归纳出了所谓“赋、比、兴”的美学原则，影响达两千余年之久。最著名、流行最广的是朱熹对这一原则的解释：“赋者，敷陈其事而直言之也。比者，以彼物比此物也。兴者，先言他物以引起所咏之辞也。”(《诗经集传》) 古人和今人对此又有颇为繁多的说明。因为“赋”比较单纯和清楚，便大都集中在比兴问题的讨论上。因为所谓“比兴”与如何表现情感才能成为艺术这一根本问题有关。

中国文学（包括诗与散文）以抒情胜。然而并非情感的任何抒发表现都能成为艺术。主观情感必须客观化，必须与特定的想象、理解相结合统一，才能构成具有一定普遍必然性的艺术作品，产生相应的感染效果。所谓“比”“兴”正是这种使情感与想象、理解相结合而得到客观化的具体途径。

《文心雕龙》说：“比者，附也；兴者，起也”；“起情故兴体以立，附理故比例以生”。锺嵘《诗品》说：“言有尽而意无穷，兴也；因物喻志，比也。”实际上，“比”“兴”经常连在一起，很难绝对区分。“比兴”都是通过外物、景象而抒发、寄托、表现、传达情感和观念（“情”“志”），这样才能使主观情感与想象、理解（无论对比、正比、反比，其中就都包含一定的理解成分）结合联系在一起，而得到客观化、对象化，构成既有理知不自觉地干预而又饱含情感的艺术形象。使外物景象不再是自在的事物自身，而染上一层情感色彩；情感也不再是个人主观的情绪自身，而成为融合了一定理解、想象后的客观形象。这样，也就使文学形象既不是外界事物的直接模拟，也不是主观情感的任意发泄，更不是只诉诸概念的理性认识；相反，它成为非概念所能穷尽，非认识所能囊括（“言有尽而意无穷”），具有情感感染力量的艺术形象和文学语言。王夫之说：“小雅鹤鸣之诗，全用比体，不道破一句。”(《姜斋诗话》) 所谓“不道破一句”，一直是中国美学重要标准之一。司空图《诗品》所谓“不着一字，尽得风流”，严羽《沧浪诗话》所谓“羚羊挂角，无迹可求”等等，都是指的这种非概念所能穷尽、非认识所能囊括的艺术审美特征。这种特征正是通过“比兴”途径将主观情感与客观景物合而为一的产物。《诗经》在这方面做出了最早的范例，从而成为百代不祧之祖。明代李东阳说："诗有三义，赋止居一，而比兴居其二。所谓比与兴者，皆托物寓情而为之者也。盖正言直述则易于穷尽而难于感发，惟有所寓托，形容模写，反复讽咏以俟人之自得，言有尽而意无穷，则神爽飞动，手舞足蹈而不自觉，此诗之所以贵情思而轻事实也。"(《怀麓堂诗话》)

这比较集中而清楚地说明了"比兴"对诗（艺术）的重要性所在，正在于它如上述是情感、想象、理解的综合统一体。"托物寓情""神爽飞动"胜于"正言直述"，因为后者易流于概念性认识而言尽意尽。即使是对情感的"正言直述"，也常常可以成为一种概念认识而并不起感染作用。"啊，我多么悲哀哟"，并不成其为诗，反而只是概念。直接表达情感也需要在"比兴"中才能有审美效果。所以后代有所谓"以景结情"，所谓"以乐景写哀，以哀景写乐，一倍增其哀乐"(《姜斋诗话》)等等理论，就都是沿着这条线索（情感借景物而客观化，情感包含理解、想象于其中）而来的。

可见，所谓"比兴"应该从艺术创作的作品形象特征方面予以美学上的原则阐明，而不能如古代注释家们那样去细分死抠。但是，在这种细分死抠中，有一种历史意义而值得注意的，倒是汉代经师们把"比兴"与各种社会政治和历史事件联系起来的穿凿附会。这种附会从两汉唐宋到明清一直流传。例如把《诗经》第一首《关雎》说成是什么"后妃之德"等等，就是文艺思想较开明的朱熹也曾欣然同意。这种把艺术等同于政治谜语的搞法，当然是十足的主观猜想和比附。但是这种搞法从总体上看，又有其一定的原因。这个原因是历史性的。汉儒的这种穿凿附会实质上是不自觉地反映了原始诗歌由巫史文化的宗教政治作品过渡为抒情性的文学作品这一重要的历史事实。本来，所谓“诗言志”，实际上即是“载道”[1]和“记事”[2]，就是说，远古的所谓“诗”本来是一种氏族、部落、国家的历史性、政治性、宗教性的文献，并非个人的抒情作品。很多材料说明，“诗”与“乐”本不可分，原是用于祭神、庆功的，《大雅》和《颂》就仍有这种性质和痕迹。但到《国风》时期，却已是古代氏族社会解体、理性主义高涨、文学艺术相继从祭神礼制中解放出来和相对独立的时代，它们也就不再是宗教政治的记事、祭神等文献，汉儒再用历史事实等等去附会它，就不对了。只有从先秦总的时代思潮来理解，才能真正看出这种附会的客观根源和历史来由，从对这种附会的历史理解中，恰好可以看出文学（诗）从宗教、记事、政治文献中解放出来，而成为抒情艺术的真正面目。

关于“赋”，受到人们的注意和争论较少。它指的是白描式的记事、状物、抒情、表意，特别是指前者。如果说，《诗经·国风》从远古记事、表意的宗教性的混沌复合体中分化出来，成为抒情性的艺术，比“比兴”为其创作方法和原则的话，那么先秦散文则在某种特定意义上，也可以说作为体现“赋”的原则，使自己从这个复合体中分化解放出来，成为说理的工具。但是，这些说理文字之中却居然有一部分能构成为文学作品，又仍然是上述情感规律在起作用的缘故。正是后者，使虽然缺乏足够的形象性的中国古代散文，由于具有所谓“气势”“飘逸”等等审美素质，而成为后人长久欣赏、诵读和模仿的范本。当然，有些片断是有形象性的，例如《论语》《孟子》《庄子》中的某些场景、故事和寓言，《左传》中的某些战争记述。但是，像孟、庄

1 参看朱自清:《诗言志辨》。

2 参看蒙文通文,《学术月刊》1962 年第 8 期。

以至荀、韩以及《左传》，它们之所以成为文学范本，却大抵并不在其形象性。相反，是他们说理论证的风格气势，如孟文的浩荡，庄文的奇诡，荀文的谨严，韩文的峻峭，才更是使其成为审美对象的原因。而所谓“浩荡”“奇诡”“谨严”“峻峭”云云者，不都是在遣词造句的文字安排中，或包含或传达出某种特定的情感、风貌或品格吗？在这里，仍然是情感性比形象性更使它们具有审美—艺术性能之所在。这也是中国艺术和文学（包括诗和散文）作品显示得相当突出的民族特征之一，与上节所说中国《乐记》不同于欧洲《诗学》在美学理论上的差异是完全合拍一致的。总之，在散文文学中，也仍然需要情感与理解、想象多种因素和心理功能的统一交融。只是与诗比起来，其理解因素更为突出罢了。

> 梁惠王曰，寡人愿安承教。孟子对曰，杀人以梃与刃，有以异乎？曰，无以异也。曰，以刃与政，有以异乎，曰，无以异也。曰，庖有肥肉，厩有肥马，民有饥色，野有饿莩，此率兽而食人也。兽相食，人且恶之，为民父母行政，不免于率兽而食人，恶在其为民父母也。（《孟子·梁惠王上》）
>
> 北冥有鱼，其名为鲲。鲲之大，不知其几千里也。化而为鸟，其名为鹏。鹏之背，不知其几千里也。怒而飞，其翼若垂天之云。（《庄子·逍遥游》）

这里都是在说理，说的或是政治之理（孟），或是哲学之理（庄）。但是，孟文以相当整齐的排比句法为形式，极力增强它的逻辑推理中的情感色彩和情感力量，从而使其说理具有一种不可阻挡的“气势”。庄文以奇特夸张的想象为主线，以散而整的句法为形式，使逻辑议论溶解在具体形象中而使其说理具有一种高举远慕式的“飘逸”。它们不都正是情感、理解、想象诸因素的不同比例的配合或结合么，不正是由于充满了丰富饱满的情感和想象，而使其说理、辩论的文字终于成为散文文学的吗？它们与前述中国诗歌的民族美学特征不又仍是一脉相通的吗？

三　建筑艺术

如同诗文中的情感因素一样，前面几章已说，在造型艺术部类，线的因素体现着中国民族的审美特征。线的艺术又恰好是与情感有关的。正如音乐一样，它的重点也是在时间过程中展开。又如本章前节所说，这种情感抒发大都在理性的渗透、制约和控制下，表现出一种情感中的理性的美。所有这些特征也在一定程度和意义上出现在以抽象的线条、体积为审美对象的建筑艺术中，同样展现出中国民族在审美上的某些基本特色。

从新石器时代的半坡遗址等处来看，方形或长方形的土木建筑体制便已开始，它终于成为中国后世主要建筑形式。与世界许多古文明不同，不是石建筑而是木建筑成为中国一大特色，为什么？似乎至今并无解答。在《诗经》等古代文献中，有“如翚斯飞”“作庙翼翼”之类的描写，可见当时木建筑已颇具规模，并且具有审美功能。从“翼翼”“斯飞”来看，大概已有舒展如翼，四宇飞张的艺术效果。但是，对建筑的审美要求达到真正高峰，则要到春秋战国时期。这时随着社会进入新阶段，一股所谓“美轮美奂”的建筑热潮盛极一时地蔓延开来。

不只是为避风雨而且追求使人赞叹的华美，日益成为新兴贵族们的一种重要需要和兴趣所在。《左传》《国语》中便有好些记载，例如“美哉室，其谁有此乎”（《左传·昭公二十六年》），“台美乎”（《国语·晋语》）。《墨子·非乐》说吴王夫差筑姑苏之台十年不成，《左传·庄公三十一年》有春夏秋三季筑台的记述，《国语·齐语》有齐襄公筑台的记述，如此等等。

这股建筑热潮大概到秦始皇并吞六国后大修阿房宫而达到最高点。据文献记载，两千余年前的秦代宫殿建筑是相当惊人的：

> 秦每破诸侯，写放其宫室，作之咸阳北阪上，南临渭，自雍门以东至泾、渭，殿屋复道周阁相属。
>
> 始皇以为咸阳人多，先王之宫廷小，……乃营作朝宫渭南上林苑中。先作前殿阿房，东西五百步，南北五十丈，上可以坐万人，下可以建五丈旗。周驰为阁道，自殿下直抵南山。表南山之巅以为阙。（《史记·秦始皇本纪》）

从这种文字材料可以看出，中国建筑最大限度地利用了木结构的可能和特点，一开始就不是以单一的独立个别建筑物为目标，而是以空间规模巨大、平面铺开、相互连接和配合的群体建筑为特征的。它重视的是各个建筑物之间的平面整体的有机安排。当年的地面建筑已不可见，但地下始皇陵的规模格局也清晰地表明了这一点。从现在发掘的极为片断的陵的前沿兵马俑坑情况看，那整个场面简直是不可思议的雄伟壮观。从这些陶俑的身材状貌直到建筑材料（秦砖）的厚大坚实，也无不显示出那难以想象的宏大气魄。这完全可以与埃及金字塔相媲美。不同的是，它是平面展开的整体复杂结构，不是一座座独立自足的向上堆起的比较单纯的尖顶。

“百代皆沿秦制度”。建筑亦然。它的体制、风貌大概始终没有脱离先秦奠定下来的这个基础规范。秦汉、唐宋、明清建筑艺术基本保持了和延续着相当一致的美学风格。

这个艺术风格是什么呢？简单说来，仍是本章所讲的作为中国民族特点的实践理性精神。

首先，各民族主要建筑多半是供养神的庙堂，如希腊神殿、伊斯兰建筑、哥特式教堂等等。中国主要大都是宫殿建筑，即供世上活着的君主们所居住的场所，大概从新石器时代的所谓“大房子”开始，中国的祭拜神灵即在与现实生活紧相联系的世间居住的中心，而不在脱离世俗生活的特别场所。自儒学替代宗教之后，在观念、情感和仪式中，更进一步发展贯彻了这种神人同在的倾向。于是，不是孤立的、摆脱世俗生活、象征超越人间的出世的宗教建筑，而是入世的、与世间生活环境联在一起的宫殿宗庙建筑，成了中国建筑的代表。从而，不是高耸入云、指向神秘的上苍观念，而是平面铺开、引向现实的人间联想；不是可以使人产生某种恐惧感的异常空旷的内部空间，而是平易的，非常接近日常生活的内部空间组合；不是阴冷的石头，而是暖和的木质，等等，构成中国建筑的艺术特征。在中国建筑的空间意识中，不是去获得某种神秘、紧张的灵感、悔悟或激情，而是提供某种明确、实用的观念情调。正和中国绘画理论所说，山水画有“可望”“可游”“可居”种种，但“可游”“可居”胜过“可望”“可行”（参看本书《宋元山水意境》）。中国建筑也同样体现了这一精神。即是说，它不重在强烈的刺激或认识，而重在生活情调的感染熏陶，它不是一礼拜才去一次的灵魂洗涤之处，而是能够经常瞻仰或居住的生活场所。在这里，建筑的平面铺开的有机群体，实际已把空间意识转化为时间进程，就是说，不是像哥特式教堂那样，人们突然一下被扔进一个巨大幽闭的空间中，感到渺小恐惧而祈求上帝的保护。相反，中国建筑的平面纵深空间，使人慢慢游历在一个复杂多样楼台亭阁的不断进程中，感受到生活的安适和对环境的和谐。瞬间直观把握的巨大空间感受，在这里变成长久漫游的时间历程。实用的、入世的、理智的、历史的因素在这里占着明显的优势，从而排斥了反理性的迷狂意识。正是这种意识构成许多宗教建筑的审美基本特征。

中国的这种理性精神还表现在建筑物严格对称结构上，以展现严肃、方正、井井有条（理性）。所以，就单个建筑来说，比起基督教、伊斯兰教和佛教建筑来，它确乎相对低矮，比较平淡，应该承认逊色一筹。但就整体建筑群说，它却结构方正，逶迤交错，气势雄浑。它不是以单个建筑物的体状形貌，而是以整体建筑群的结构布局、制约配合而取胜。非常简单的基本单位却组成了复杂的群体结构，形成在严格对称中仍有变化，在多样变化中又保持统一的风貌。即使像万里长城，虽然不可能有任何严格对称之可言，但它的每段体制则是完全雷同的。它盘缠万里，虽不算高大却连绵于群山峻岭之巅，像一条无尽的龙蛇在做永恒的飞舞。它在空间上的连续本身即展示了时间中的绵延，成了我们民族的伟大活力的象征。

这种本质上是时间进程的流动美，在个体建筑物的空间形式上，也同样表现出来，这方面又显出线的艺术特征，因为它是通过线来做到这一点的。中国木结构建筑的屋顶形状和装饰，占有重要地位，屋顶的曲线，向上微翘的飞檐（汉以后），使这个本应是异常沉重的往下压的大帽，反而随着线的曲折，显出向上挺举的飞动轻快，配以宽厚的正身和阔大的台基，使整个建筑安定踏实而毫无头重脚轻之感，体现出一种情理协调、舒适实用、有鲜明节奏感的效果，而不同于欧洲或伊斯兰以及印度建筑。就是由印度传来的宗教性质的宝塔，正如同传来的雕塑壁画一样（参看本书《佛陀世容》），也终于中国化了。它不再是体积的任意堆积而繁复重累，也不是垂直一线上下同大，而表现为一级一级的异常明朗的数学整数式的节奏美。这使它便大不同于例如吴哥寺那种繁复堆积的美。如果拿相距不远的西安大小雁塔来比，就可以发现，大雁塔更典型地表现出中国式的宝塔的美。那节奏异常单纯而分明的层次，那每个层次之间的疏朗的、明显的差异比例，与小雁塔各层次之间的差距小而近，上下浑如一体，不大相同。后者尽管也中国化了，但比较起来，恐怕更接近于异域的原本情调吧。同样，如果拿 1968 年在北京发现的元代城门和人们熟悉的明代城门来比，这种民族建筑的艺术特征也很明显。元代城门以其厚度薄而倾斜度略大的形象，便自然具有某种异国风味，例如它似乎有点近于伊斯兰的城门。明代城门和城墙（特别像南京城的城墙）则相反，它厚实直立而更显雄浑。尽管这些都已是后代的发展，但基本线索仍要追溯到先秦理性精神。

也由于是世间生活的宫殿建筑，供享受游乐而不只供崇拜顶礼之用，从先秦起，中国建筑便充满了各种供人自由玩赏的精细的美术作品（绘画、雕塑）。《论语》中有“山节藻棁”，“朽木不可雕也”，从汉赋中也可以看出当时建筑中绘画雕刻的繁富。斗拱、飞檐的讲究，门、窗形式的自由和多样，鲜艳色彩的极力追求，“金铺玉户”“重轩镂槛”“雕梁画栋”，是对它们的形容描述。延续到近代，也仍然如此。

“庭院深深深几许”。大概随着晚期封建社会中经济生活和意识形态的变化，园林艺术日益发展。显示威严庄重的宫殿建筑的严格的对称性被打破，迂回曲折、趣味盎然、以模拟和接近自然山林为目标的建筑美出现了。空间有畅通，有阻隔，变化无常，出人意料，可以引动更多的想象和情感，“山重水复疑无路，柳暗花明又一村”。这种仍然是以整体有机布局为特点的园林建筑，却表现着封建后期文人士大夫们更为自由的艺术观念和审美理想。与山水画的兴起（参看《宋元山水意境》）大有关系，它希求人间的环境与自然界更进一步的联系，它追求人为的场所自然化，尽可能与自然合为一体。它通过各种巧妙的“借景”“虚实”的种种方式、技巧，使建筑群与自然山水的美沟通汇合起来，而形成一个更为自由也更为开阔的有机整体的美。连远方的山水也似乎被收进在这人为的布局中，山光、云树、帆影、江波都可以收入建筑之中，更不用说其中真实的小桥、流水、“稻香村”了。它们的浪漫风味更浓了。但在中国古代文艺中，浪漫主义始终没有太多越出古典理性的范围，在建筑中，它们也仍然没有离开平面铺展的理性精神的基本线索，仍然是把空间意识转化为时间过程；渲染表达的仍然是现实世间的生活意绪，而不是超越现实的宗教神秘。实际上，它是以玩赏的自由园林（道）来补足居住的整齐屋宇（儒）罢了。

四

楚汉浪漫主义

一　屈骚传统

当理性精神在北中国节节胜利，从孔子到荀子，从名家到法家，从铜器到建筑，从诗歌到散文，都逐渐摆脱巫术宗教的束缚，突破礼仪旧制的时候，南中国由于原始氏族社会结构有更多的保留和残存，便依旧强有力地保持和发展着绚烂鲜丽的远古传统。从《楚辞》到《山海经》[1]，从庄周到“宽柔以教不报无道”的“南方之强”，在意识形态各领域，仍然弥漫在一片奇异想象和炽烈情感的图腾——神话世界之中。表现在文艺审美领域，这就是以屈原为代表的楚文化。

屈原是中国最早、最伟大的诗人。他“衣被词人，非一代也”(《文心雕龙》)。一个人对后世文艺起了这么深远的影响，确乎罕见。所以如此，正由于屈原的作品（包括归于他名下的作品）集中代表了一种根柢深沉的文化体系。这就是上面讲的充满浪漫激情、保留着远古传统的南方神话——巫术的文化体系。儒家在北中国把远古传统和神话、巫术逐一理性化，把神人化，把奇异传说化为君臣父子的世间秩序。例如“黄

1 《山海经》为南方产品，采蒙文通说。并参看顾颉刚近作《庄子和楚辞中昆仑和蓬莱两个神话系统的融合》,《中华文史论丛》1979 年第 2 期，总第 10 辑。

帝四面”（四面脸）被解释为派四个大臣去“治四方”，黄帝活三百年说成是三百年的影响，如此等等。在被孔子删定的《诗经》中，再也看不见这种“怪力乱神”的踪迹。然而，这种踪迹却非常活泼地保存在以屈原为代表的南国文化中。

在基本可以肯定是屈原的主要作品《离骚》中，你看，那是多么既鲜艳又深沉的想象和情感的缤纷世界啊。美人香草，百亩芝兰，芰荷芙蓉，芳泽衣裳，望舒飞廉，巫咸夕降，流沙毒水，八龙婉婉，而且：

> 忽反顾以游目兮，将往观乎四荒；佩缤纷其繁饰兮，芳霏霏其弥章。民生各有所乐兮，余独好修以为常。虽体解吾犹未变兮，岂余心之可惩。
>
> 朝发轫于苍梧兮，夕余至乎县圃，欲少留此灵琐兮，日忽忽其将暮。吾令羲和弭节兮，望崦嵫而勿迫。路曼曼其修远兮，吾将上下而求索。

在充满了神话想象的自然环境里，主人翁却是这样一位执着、顽强、忧伤、怨艾、愤世嫉俗、不容于时的真理的追求者。《离骚》把最为生动鲜艳，只有在原始神话中才能出现的那种无羁而多义的浪漫想象，与最为炽热深沉，只有在理性觉醒时刻才能有的个体人格和情操，最完满地融化成了有机整体。由是，它开创了中国抒情诗的真正光辉的起点和无可比拟的典范。两千年来，能够在艺术水平上与之相比配的，可能只有散文文学《红楼梦》。

传说为屈原作品的《天问》，则大概是保留远古神话传统最多而又系统的文学篇章。它表现了当时时代意识因理性的觉醒正在由神话向历史过渡。神话和历史作为连续的疑问系列在《天问》中被提了出来，并包裹在丰富的情感和想象的层层交织中。“焉有石林，何兽能言？焉有虬龙，负熊以游？雄虺九首，儵忽焉在？何所不死，长人何守？”(《天问》)《离骚》《天问》和整个《楚辞》的《九歌》《九章》以及《九辩》《招魂》《大招》……构成了一个相当突出的南方文化的浪漫体系。实质上，它们是原始楚地的祭神歌舞的延续。汉代王逸《楚辞章句》解释《九歌》时说：“昔楚国南郢之邑，沅湘之间，其俗信鬼而好祠，其祠必作歌乐鼓舞以乐诸神……因为作九歌之曲。”清楚说明了这一事实。王夫之解释《九辩》时说：“辩，犹遍也。一阕谓之一遍。亦效夏启九辩之名，绍古体为新裁。可以被之管弦。其词激宕淋漓，异于风雅，盖楚声也。后世赋体之兴，皆祖于此。”这段话也很重要，它点明了好几个关键问题。第一，它指出楚辞是“绍古体”，并且“古”到夏初去了，足见源远流长，其来有自，确乎是远古氏族社会的遗风延续和模拟。第二，它可以“被之管弦”，本是可歌可舞的。近人考证也都认为，像《九歌》等，很明显是一种有关巫术礼仪的祭神歌舞和音乐。所以它是集体的活动而非个人的创作。第三，“其词激宕淋漓，异于风雅”，亦即感情的抒发爽快淋漓，形象想象丰富奇异，还没受到严格束缚，尚未承受儒家实践理性的洗礼，从而不像所谓“诗教”之类有那么多的道德规范和理知约束。相反，原始的活力、狂放的意绪、无羁的想象在这里表现得更为自由和充分。第四，也是最重要的，它是汉代赋体文学的祖宗。

其实，汉文化就是楚文化，楚汉不可分。尽管在政治、经济、法律等制度方面，“汉承秦制”，刘汉王朝基本上是承袭了秦代体制。但是，在意识形态的某些方面，又特别是在文学艺术领域，汉却依然保持了南楚故地的乡土本色。汉起于楚，刘邦、项羽的基本队伍和核心成员大都来自楚国地区。项羽被围，“四面皆楚歌”；刘邦衣锦还乡唱《大风》；西汉宫廷中始终是楚声做主导，都说明这一点。楚汉文化（至少在文艺方面）一脉相承，在内容和形式上都有其明显的继承性和连续性，而不同于先秦北国。楚汉浪漫主义是继先秦理性精神之后，并与它相辅相成的中国古代又一伟大艺术传统。它是主宰两汉艺术的美学思潮。不了解这一关键，很难真正阐明两汉艺术的根本特征。

如果与《诗经》或先秦散文（庄子当然除外，庄子属南方文化体系，屈原有《远游》，庄则有《逍遥游》，屈庄近似之处早被公认）一相比较，两汉（又特别是西汉）艺术的这种不同风貌便很明显。在汉代艺术和人们观念中弥漫的，恰恰是从远古传留下来的种种神话和故事，它们几乎成了当时不可缺少的主题或题材，具有极大的吸引力。伏羲女娲的蛇身人首，西王母、东王公的传说和形象，双臂化为两翼的不死仙人王子乔，以及各种奇禽怪兽、赤兔金乌、狮虎猛龙、大象巨龟、猪头鱼尾……，各各有其深层的喻意和神秘的象征。它们并不是以表面的动物世界的形象，相反，而是以动物为符号或象征的神话——巫术世界来作为艺术内容和审美对象的。从世上庙堂到地下宫殿，从南方的马王堆帛画到北国的卜千秋墓室，西汉艺术展示给我们的，恰恰就是《楚辞》《山海经》里的种种。天上、人间和地下在这里连成一气，混而不分。你看那马王堆帛画：龙蛇九日，鸱鸟飞鸣，巨人托顶，主仆虔诚……你看那卜千秋墓室壁画：女娲蛇身，面容姣好，猪头赶鬼[1]，神魔吃魃[2]，怪人怪兽，充满廊壁……。它们明显地与《楚辞》中《远游》《招魂》等篇章中的形象和气氛相关。这是一个人神杂处、寥廓荒忽、怪诞奇异、

1 采孙作云说。见孙作云：《洛阳西汉卜千秋墓室壁画考释》，《文物》1977 年第 6 期。
2 采孙作云说。见孙作云：《洛阳西汉卜千秋墓室壁画考释》，《文物》1977 年第 6 期。

猛兽众多的世界。请看《楚辞》中的《招魂》：

魂兮归来，东方不可以托些。长人千仞，唯魂是索些。十日代出，流金铄石些。

魂兮归来，南方不可以止些。……蝮蛇蓁蓁，封狐千里些。雄虺九首，往来倏忽，吞人以益其心些。

魂兮归来，西方之害，流沙千里些。旋入雷渊，靡散而不可止些。

魂兮归来，北方不可以止些。增冰峨峨，飞雪千里些。

魂兮归来，君无上天些。虎豹九关，啄害下人些。一夫九首，拔木九千些。豺狼从目，往来侁侁些。

魂兮归来，君无下此幽都些。土伯九约，其角觺觺些。敦脄血拇，逐人駓駓些。参目虎首，其身若牛些。

这里着意描绘的是一个恶兽伤人、不可停留的恐怖世界。在马王堆帛画、卜千秋墓室壁画中所着意描绘的，可能更是一个登仙祝福、祈求保护的肯定世界。它们共同地属于那充满了幻想、神话、巫术观念，充满了奇禽异兽和神秘的符号、象征的浪漫世界。它们把远古传统的原始活力和野性充分地保存和延续下来了。

从西汉到东汉，经历了汉武帝“罢黜百家，独崇儒术”的意识形态的严重变革。以儒学为标志、以历史经验为内容的先秦理性精神也日渐濡染侵入文艺领域和人们观念中，逐渐融成南北文化的混同合作。楚地的神话幻想与北国的历史故事，儒学宣扬的道德节操与道家传播的荒忽之谈，交织陈列，并行不悖地浮动、混合和出现在人们的意识观念和艺术世界中。生者、死者、仙人、鬼魅、历史人物、现世图景和神话幻想同时并陈，原始图腾、儒家教义和谶纬迷信共置一处……。从而，这里仍然是一个想象混沌而丰富、情感热烈而粗豪的浪漫世界。

下面是几块（东）汉画像石的图景：

> 第一层刻的是：伏羲、女娲、祝融、神农、颛顼、高辛、帝尧、帝舜、夏禹、夏桀。
>
> 第二层刻的是：孝子曾参、闵子骞、老莱子和丁兰的故事。……
>
> 第三层刻的是刺客曹沫、专诸的故事。……
>
> 第四层刻的是车马人物。[1]
>
> 画分四层：第一层是诸神骑着有翼的龙在云中飞行。第二层自左而右，口中嘘气的是风伯，坐在车上击鼓的是雷公，抱着瓮瓶的是雨师，两个龙头下垂的环形是虹霓，虹上面拿着鞭子的是电女，虹下面拿着锤凿的是雷神击人。……第三层有七个人拿着兵器和农具在对几个怪兽作斗争。第四层是许多人在捕捉虎、熊、野牛等，……[2]

比起马王堆帛画来，原始神话毕竟在相对地褪色。人世、历史和现实愈益占据重要的画面位置。这是社会发展文明进步的必然结果。但是，蕴藏着原始活力的传统浪漫幻想，却始终没有离开汉代艺术。相反，它们乃是楚汉艺术的灵魂。这一点不但表现在“琳琅满目的世界”的主题内容上，而且也表现在运动、气势和古拙的艺术风格上。

---

1 常任侠：《汉代绘画选集》第2—3页。

2 同上书第4页。对雷公等解释疑有误，此处不辨。

二　琳琅满目的世界

尽管儒家和经学在汉代盛行，“厚人伦，美教化”，“惩恶扬善”被规定为从文学到绘画的广大艺术领域的现实功利职责，但汉代艺术的特点却恰恰是，它并没有受这种儒家狭隘的功利信条的束缚。刚好相反，它通过神话跟历史、现实和神、人与兽同台演出的丰满的形象画面，极有气魄地展示了一个五彩缤纷、琳琅满目的世界。这个世界是有意或无意地作为人的本质的对象化，作为人的有机或非有机的躯体而表现着的。它是人对客观世界的征服，这才是汉代艺术的真正主题。

首先，你看那神仙世界。它很不同于后代六朝时期的佛教迷狂（参看本书《佛陀世容》)。这里没有苦难的呻吟，而是愉快的渴望，是对生前死后都有永恒幸福的祈求。它所企慕的是长生不死，羽化登仙。从秦皇汉武多次派人寻仙和求不死之药以来，这个历史时期的人们并没有舍弃或否定现实人生的观念（如后代佛教）。相反，而是希求这个人生能够永恒延续，是对它的全面肯定和爱恋。所以，这里的神仙世界就不是与现实苦难相对峙的难及的彼岸，而是好像就存在于与现实人间相距不远的此岸之中。也由于此，人神杂处，人首蛇身（伏羲、女娲），豹尾虎齿

（《山海经》中的西王母形象）的原始神话与真实的历史故事、现实人物之纷然一堂，同时并在，就并不奇怪。这是一个古代风味的浪漫王国。

但是，汉代艺术中的神仙观念又毕竟不同于远古图腾，也区别于青铜饕餮，它们不再具有在现实中的威吓权势，毋宁带着更浓厚的主观愿望的色彩。即是说，这个神仙世界已不是原始艺术中那种具有现实作用的力量，毋宁只具有想象意愿的力量。人的世界与神的世界不是在现实中而是在想象中，不是在理论思维中而是在艺术幻想中，保持着直接的交往和复杂的联系。原始艺术中的梦境与现实不可分割的人神同一，变而为情感、意愿在这个想象的世界里得到同一。它不是如原始艺术请神灵来威吓、支配人间，而毋宁是人们要到天上去参与和分享神的快乐。汉代艺术的题材、图景尽管有些是如此荒诞不经，迷信至极，但其艺术风格和美学基调既不恐怖威吓，也不消沉颓废，毋宁是愉快、乐观、积极和开朗的。人间生活的兴趣不但没有因向往神仙世界而零落凋谢，相反，是更为生意盎然，生机蓬勃，使天上也充满人间的乐趣，使这个神的世界也那么稚气天真。它不是神对人的征服，毋宁是人对神的征服。神在这里还没有作为异己的对象和力量，毋宁是人的直接伸延。

其次，与向往神仙相交织并列，是对现实世间的津津玩味和充分肯定。它一方面通过宣扬儒家教义和历史故事——表彰孝子、义士、圣君、贤相表现出来，另方面更通过对世俗生活和自然环境的多种描绘表现出来。如果说，神仙幻想是主体，那么它们便构成了汉代艺术的双翼。汉石刻中，历史故事非常之多。例如，“周公辅成王”“荆轲刺秦王”“聂政刺韩相”“管仲射桓公”“狗咬赵盾”“蔺相如完璧归赵”“侯嬴朱亥劫魏帅”“高祖斩蛇”“鸿门宴”……各种历史人物，从孔子到老莱子，从义士到烈女，从远古历史到汉代人物，无不品类齐全，应有尽有。其中，激情性、戏剧性的行为、人物和场景（例如行刺），更是兴趣和意念所在。尽管道德说教、儒学信条已浸入画廊，也仍然难以掩盖那股根柢深厚异常充沛的浪漫激情。

与历史故事在时间上的回顾相对映，是世俗生活在空间上的展开。那更是一幅幅极为繁多具体的现实图景。以最为著名的山东（武梁祠）、河南（南阳）、四川（成都）三处出土的汉画像石、画像砖为例：

山东：关于现实生活的有宴乐、百戏、起居、庖厨、出行、狩猎以及战事之类，于是弄蛇角觝之戏，仪仗车马之盛，物会大典，生活琐事，一切文物制度都一一摆在我们眼前了[1]。

图中描写了步战、骑战、车战和水战的各种情况。战斗中使用了弓矢、弩机、矛盾、干戈、剑戟等兵器。

……左半部下两层描写的是车骑和庖厨。上层描写的是舞乐生活。图中有男有女，有人弹琴，有人吹埙，有人吹篪，还有人在表演着杂技。

表现冶铁的劳动过程。自左而右，首先是熔冶，接着是锤凿，工人们紧张地集体工作着（按：实即奴隶劳动）。

在丛林中野兽很多，农父们都在辛勤地垦荒。……一个人引牛、一个人扶犁，还有一个人正在执鞭呼喝着[2]。

河南：一、投壶图像，二、男女带侏儒舞，三、剑舞，四、象人或角觝，五、乐舞交作图像[3]。

---

1 李浴：《中国美术史纲》第66—67页，人民美术出版社，1957年。

2 常任侠：《汉代绘画选集》第4、5页。

3 滕固：《南阳汉墓画像石刻之历史及风格之考察》，转引自李浴书第61页。

四川：……又一方砖，上下分为两图，上图二人坐水塘岸上，弯腰张弓衬着水中惊飞起来的水鸟，有些鸟在水中作张翅欲飞之状，……水中的鱼和莲花以及岸上的枯树等，整个画面形成了一个完整而统一的整体。方砖的下图是一个农事的场面……[1]。

又如新近发现的山东嘉祥画像石：

第一石：纵73、横68厘米。画分四层。

第一层，分上下两部分，正中坐者为东王公，他的两侧各有一组肩有双翅的羽人。左侧一人面鸟身像，从下右石西王母之左有蟾蜍、玉兔之像的对应关系来看，似为日中之鸟。

第二层，分左、右两侧。左侧一组三人，中间一人抚琴。右侧一组亦三人，中间一人踏鼓而击，其余二人在舞蹈。

第三层，左边是一个两火眼灶，斜烟突，灶上放甑、釜，一男子跪坐在灶前烧火。灶旁悬挂猪腿、猪头、鱼、剥好的鸡、兔等。二男子持刀操作，下方有一妇女在洗刷。右方有一井，井旁一具桔槔，一女子正在汲水。桔槔立杆上悬挂一只狗（？），一男子持刀剥皮。全幅为庖厨供膳图。

第四层，前边是二骑者。后面有一辆曲辕轺车，上坐二人，车前一题榜，无字。

第四石：纵69、横67厘米。画面只有三层。

上层，西王母头戴华胜，凭几而坐，神座下象征昆仑山峰。右方

1 李浴：《中国美术史纲》第63页。

一裸体羽人，手举曲柄伞盖，西王母左右又有五个手持朱草的羽人，下方还有玉兔拿杵捣臼、蟾蜍捧盒、鸡首羽人持杯进玉泉等图像。

中层，似为众臣上朝之图。左方刻一个单层殿堂，王者面门而坐，柱外一人跪谒。殿堂前有一个斜梯，梯前一人荷物赤足登梯，身后相随一童；其后又有三人，一人亦有一儿童跟随。

下层右方一辆单马轺车，曲辀，上面是二人立乘。车前一个荷戟（？），持管而吹，再前面是一骑吏。

第五石：纵 74、横 68 厘米。画分四层。

第一层，类似第一石的同层画面，但东王公左侧羽人手持三珠树。右侧一人面鸟身者，手持一针状物。似为一长发人作针灸状，或似扁鹊针治一事。

第二层，是孔子见老子的画像。老子在左边，手中拄一根弯头手杖，身后一随从。其前为一儿童，一手推一小车轮，举左手，面向孔子，应是项橐。孔子站在项橐和老子对面躬身问礼，抬起的双袖上，饰两个鸟头。孔子身后所随四人，应是颜回、子路等。

第三层，亦如第一石同层，为庖厨汲水图像。但井上不设桔槔，而装一辘轳，与第六石第三层井台汲水情况不同。

第四层，右方一轺车已停，车上只留御者一人。车前方一骑者抱锦囊，骑者前一人头戴进贤冠，躬身持板，疑即轺车主人。在他前面又有一坐在地上的女子[1]。

这不正是一个琳琅满目的世界么？从幻想的神话中仙人们的世界，

1 《山东嘉祥宋山发现汉画像石》，《文物》1979 年第 9 期。

到现实人间的贵族们的享乐观赏的世界，到社会下层的劳动者艰苦耕作的世界。从天上到地下，从历史到现实，各种对象、各种事物、各种场景、各种生活，都被汉代艺术所注意，所描绘，所欣赏。上层的求仙、祭祀、宴乐、起居、出行、狩猎、仪仗、车马、建筑以及辟鬼、禳灾、庖厨等等。下层的收割、冶炼、屠宰、打柴、舂米、扛鼎、舞刀、走索、百戏等等。各种动物对象——从经人们驯服饲养的猪、牛、狗、马，到人所猎取捕获的雁、鱼、虎、鹿等等，各种人兽战斗、兽兽格斗，如“持矛刺虎”“虎熊相斗”“虎吃大牛”等等。如果再联系上面讲的神话——历史故事、幻想的龙凤图腾……这不正是一个马驰牛走、鸟飞鱼跃、狮奔虎啸、凤舞龙潜、人神杂陈、百物交错，一个极为丰富、饱满、充满着非凡活力和旺盛生命而异常热闹的世界么？

黑格尔《美学》曾说 17 世纪荷兰小画派对现实生活中的各种场景和细节——例如一些很普通的房间、器皿、人物等等做那样津津玩味的精心描述，表现了荷兰人民对自己日常生活的热情和爱恋，对自己征服自然（海洋）的斗争的肯定和歌颂，因之在平凡中有伟大。汉代艺术对现实生活中多种多样的场合、情景、人物、对象甚至许多很一般的东西，诸如谷仓、火灶、猪圈、鸡舍等等，也都如此大量地、严肃认真地塑造刻画，尽管有的是作明器之用以服务于死者，也仍然反射出一种积极的对世间生活的全面关注和肯定。只有对世间生活怀有热情和肯定，并希望这种生活继续延续和保存，才可能使其艺术对现实的一切怀有极大兴趣去描绘、去欣赏、去表现，使它们一无遗漏地、全面地、丰满地展示出来。汉代艺术中如此丰富众多的题材和对象，在后世就难以再看到。正如荷兰小画派对日常世俗生活的玩味意味着对自己征服大海的现实存在的肯定一样，汉代艺术的这种丰富生活场景也同样意味着对自己征服世界的社会生存的歌颂。比起荷兰小画派来，它们的力量、气魄、价值和主题要远为宏伟巨大。这是一个幅员广大、人口众多、第一次得到高度集中统一的中华帝国的繁荣时期的艺术。辽阔的现实图景、悠久的历史传统、邈远的神话幻想的结合，在一个琳琅满目五色斑斓的形象系列中，强有力地表现了人对物质世界和自然对象的征服主题。这就是汉代艺术的特征本色。

画像石（或砖）已经没有颜色，但在当时的建筑、雕塑、壁画上，却都是五彩斑斓的。今天不断发现的汉墓壁画和陶俑证实了这一点。后汉王延寿的《鲁灵光殿赋》描述当时地面建筑的雕塑绘画说："奔虎攫挐"，"虬龙腾骧"，"朱鸟舒翼"，"白鹿孑蜺"，"神仙岳岳"，"玉女窥窗"，"图画天地，品类群生，杂物奇怪，山神海灵"。"五龙比翼，人皇九头，伏羲鳞身，女娲蛇躯"。"黄帝唐虞，轩冕以庸"，"忠臣孝子，烈士贞女，贤愚成败，靡不载叙"。

这不仍是上面所说的神话—历史—现实三混合的真正五彩浪漫的艺术世界么？

与这种艺术相平行的文学，便是汉赋。它虽从楚辞脱胎而来，然而"不歌而诵谓之赋"，却已是脱离原始歌舞的纯文学作品了。被后代视为类书、字典、味同嚼蜡的这些皇皇大赋，其特征也恰好是上述那同一时代精神的体现。"赋体物而浏亮"，从《子虚》《上林》（西汉）到《两都》《两京》（东汉），都是状貌写景，铺陈百事，"苞括宇宙，总览人物"的。尽管有所谓"讽喻劝戒"，其实作品的主要内容和目的仍在极力夸扬、尽量铺陈天上人间的各类事物，其中又特别是现实生活中的各种环境事物和物质对象：山如何，水如何，树木如何，鸟兽如何，城市如何，宫殿如何，美女如何，衣饰如何，百业如何……充满了汉赋的不都是这种铺张描述么：

> 建金城而万雉，呀周池而成渊，披三条之广路，立十二之通门。内则街衢洞达，闾阎且千，九市开场，货别隧分。人不得顾，车不得旋。阗城溢郭，旁流百廛，红尘四合，烟云相连。于是既庶且富，娱乐无疆，都人士女，殊异于五方，游士拟于公侯，列肆侈于姬姜。……
>
> 下有郑白之沃，衣食之源，提封五万，疆埸绮分，沟塍刻镂，原隰龙鳞。决渠降雨，荷插成云。五谷垂颖，桑麻铺菜。东郊则有通沟大漕，溃渭洞河，泛舟山东，控引淮湖，与海通波。西郊则有上囿禁苑，林麓薮泽，陂池连乎蜀汉，缭以周墙，四百余里。离宫别馆，三十六所。神池灵沼，往往而在。其中乃有九真之麟，大宛之马，黄支之犀，条支之鸟。踰昆仑，越巨海，殊方异类，至于三万里。（班固：《两都赋》）

文学没有画面限制，可以描述更大更多的东西。壮丽山川、巍峨宫殿、辽阔土地、万千生民，都可置于笔下，汉赋正是这样。尽管是那样堆砌、重复、拙笨、呆板，但是江山的宏伟、城市的繁盛、商业的发达、物产的丰饶、宫殿的巍峨、服饰的奢侈、鸟兽的奇异、人物的气派、狩猎的惊险、歌舞的欢快……在赋中无不刻意描写，着意夸扬。这与上述画像石、壁画等等的艺术精神不正是完全一致的么？它们所力图展示的，不仍然是这样一个繁荣富强、充满活力、自信和对现实具有浓厚兴趣、关注和爱好的世界图景么？尽管呆板堆砌，但它在描述领域、范围、对象的广度上，却确乎为后代文艺所再未达到。它表明中华民族进入发达的文明社会后，对世界的直接征服和胜利，这种胜利使文学和艺术也不断要求全面地肯定、歌颂和玩味自己存在的自然环境、山岳江川、宫殿房屋、百土百物以至各种动物对象。所有这些对象都作为人的生活的直接或间接的对象化存在于艺术中。人这时不是在其自身的精神世界中，而完全融化在外在生活和环境世界中，在这种琳琅满目的对象化的世界中。汉代文艺尽管粗重拙笨，却如此之心胸开阔，气派雄沉，其根本道理就在这里。汉代造型艺术应从这个角度去欣赏。汉赋也应从这个角度去理解，才能正确估计它作为一代文学正宗的意义和价值所在。

与汉赋、画像石、壁画同样体现了这一时代精神而保存下来的，是汉代极端精美并且可说空前绝后的各种工艺品。包括漆器、铜镜、织锦等等。所以说它们空前绝后，是因为它们在造型、纹样、技巧和意境上，都在中国历史上无与伦比，包括后来唐、宋、明、清的工艺也无法与之抗衡（瓷器、木家具除外）。所以能如此，乃由于它们是战国以来到西汉已完全成熟、处于顶峰状态中的工匠集体手工业（世代相袭，不计时间、工力，故技艺极高）的成果所致。像马王堆出土的织锦和不到一两重的纱衫，像河北出土的企图保持尸体不朽的金缕玉衣，像举世闻名的汉镜和光泽如新的漆器，其工艺水平都不是后代官营或家庭手工业所能达到或仿效，这正如后世不再可能建造埃及金字塔那样的工程一样。作为世代奴隶的巨大劳动的产物，它们留下来的是使后人瞠目结舌的惊叹。汉代工艺品正是那个琳琅满目的世界的具体而微的显现，是在众多、繁杂的对象上展现出来的人间力量和对物质世界的直接征服和巨大胜利。

三　气势与古拙

人对世界的征服和琳琅满目的对象，表现在具体形象、图景和意境上，则是力量、运动和速度，它们构成汉代艺术的气势与古拙的基本美学风貌。

你看那弯弓射鸟的画像砖，你看那长袖善舞的陶俑，你看那奔驰的马，你看那说书的人，你看那刺秦王的图景，你看那车马战斗的情节，你看那卜千秋墓壁画中的人神动物的行进行列……这里统统没有细节，没有修饰，没有个性表达，也没有主观抒情。相反，突出的是高度夸张的形体姿态，是手舞足蹈的大动作，是异常单纯简洁的整体形象。这是一种粗线条粗轮廓的图景形象，然而，整个汉代艺术生命也就在这里。就在这不事细节修饰的夸张姿态和大型动作中，就在这种粗轮廓的整体形象的飞扬流动中，表现出力量、运动以及由之而形成的“气势”的美。在汉代艺术中，运动、力量、“气势”就是它的本质。这种“气势”甚至经常表现为速度感。而所谓速度感，不正是以动荡而流逝的瞬间状态集中表现着运动加力量吗？你看那著名的“马踏飞燕”，不就是速度吗？你看那“荆轲刺秦王”，匕首插入柱中的一瞬间，那不也是速度吗？激烈紧张的各种战斗，戏剧性的场面、故事，都是在一种快速运动和力量中以展现出磅礴的“气势”。所以，在这里，动物具有更多的野性。它们狂奔乱跑，活泼跳跃，远不是那么安静驯良。当然，汉代艺术也有许许多多静止状态的形象，但特点在于，即使在静态里，也仍然使人可以感受到那内在的运动、力量的速度感。在这里，人物不是以其精神、心灵、个性或内在状态，而是以其事迹、行动、亦即其对世界的直接的外在关系（不管是历史情节或现实活动），来表现他的存在价值的。这不也是一种运动吗？正因为如此，行为、事迹、动态和戏剧性的情节才成为这里的主要题材和形象图景。一往无前不可阻挡的气势、运动和力量，构成了汉代艺术的美学风格。它与六朝以后的安详凝练的静态姿式和内在精神（参看本书《魏晋风度》《佛陀真容》），是何等鲜明的对照。

也正因为是靠行动、动作、情节而不是靠细微的精神面容、声音笑貌来表现对世界的征服，于是粗轮廓的写实，缺乏也不需要任何细部的忠实描绘，便构成汉代艺术的“古拙”外貌。汉代艺术形象看来是那样笨拙古老，姿态不符常情，长短不合比例，直线、棱角、方形又是那样突出、缺乏柔和……但这一切都不但没有减弱反而增强了上述运动、力量、气势的美，“古拙”反而构成这种气势美的不可分割的必要因素。就是说，如果没有这种种“拙笨”，也就很难展示出那种种外在动作姿态的运动、力量、气势感了。过分弯的腰，过分长的袖，过分显示的动作姿态……，“笨拙”得不合现实比例，却非常合乎展示出运动、力量的夸张需要。包括直线直角也是如此，它们一点也不柔和，却恰恰增添了力量。“气势”与“古拙”在这里是浑然一体的。

如果拿汉代画像与唐宋画像石相比较，如果拿汉俑与唐俑相比较，如果拿汉代雕刻与唐代雕刻相比较，汉代艺术尽管由于处在草创阶段，显得幼稚、粗糙、简单和拙笨，但是上述那种运动、速度的韵律感，那种生动活跃的气势力量，就反而由之而愈显其优越和高明。尽管唐俑也威武雄壮，也有动作姿态，却总缺少那种狂放的气势；尽管汉俑也有静立静坐形象，却仍然充满了雄浑厚重的冲涌力量。同样，唐的三彩马俑尽管何等鲜艳夺目，比起汉代古拙的马，那造型的气势、力量和运动感就相差很远。天龙山的唐雕尽管如何肌肉凸出相貌吓人，比起汉代笨拙的石雕，也仍然逊色。宋画像砖尽管如何细微工整，面容姣好，秀色纤纤，比起汉代来，那生命感和艺术价值距离很大。汉代艺术那种蓬勃旺盛的生命，那种整体性的力量和气势，是后代艺术所难以企及的。

形象如此，构图亦然。汉代艺术还不懂后代讲求的以虚当实、计白当黑之类的规律，它铺天盖地，满幅而来。画面塞得满满的，几乎不留空白。这也似乎“笨拙”。然而，它却给予人们以后代空灵精致的艺术所不能替代的丰满朴实的意境。它不更有点相似于今天的农民画吗?!相比于后代文人们喜爱的空灵的美，它更使人感到饱满和实在。与后代的巧、细、轻相比，它确乎显得分外的拙、粗、重。然而，它不华丽却单纯，它无细部而洗炼。它由于不以自身形象为自足目的，就反而显得开放而不封闭。它由于以简化的轮廓为形象，就使粗犷的气势不受束缚而更带有非写实的浪漫风味。但它又根本不同于后世文人浪漫艺术的“写意”。它是因为气势与古拙的结合，充满了整体性的运动、力量感而具有浪漫风貌的，并不同于后世艺术中个人情感的浪漫抒发。当时民间艺术与文人艺术尚未分化，从画像石到汉乐府，从壁画到工艺，从陶俑到隶书，汉代艺术呈现出来的更多是整体性的民族精神。如果说，唐代艺术更多表现了中外艺术的交融，从而颇有“胡气”的话，那么，汉代艺术却更突出地呈现着中华本土的音调传统：那由楚文化而来的天真狂放的浪漫主义，那人对世界满目琳琅的行动征服中的古拙气势的美。

五

魏晋风度

一　人的主题

魏晋在中国历史上是一个重大变化时期。无论经济、政治、军事、文化和整个意识形态，包括哲学、宗教、文艺等等，都经历转折。这是继先秦之后第二次社会形态的变异所带来的。战国秦汉的繁盛城市和商品经济相对萎缩，东汉以来的庄园经济日益巩固和推广，大量个体小农和大规模的工商奴隶经由不同渠道，变而为束缚在领主土地上、人身依附极强的农奴或准农奴。与这种标准的自然经济相适应，分裂割据、各自为政、世代相沿、等级森严的门阀士族阶级占住了历史舞台的中心，中国前期封建社会正式揭幕[1]。

社会变迁在意识形态和文化心理上的表现，是占据统治地位的两汉经学的崩溃。烦琐、迂腐、荒唐，既无学术效用又无理论价值的谶纬和

1　本书采魏晋封建说。

东汉即有门阀，并开始垄断政权，“天下士有三俗，选士而论族姓阀阅，一俗”（仲长统《昌言》），“贡荐则必阀阅为前”（王符《潜夫论·交际篇》）。以后就更如此：“魏晋以来，以贵役贱，士庶之科，较然有辨。”（《宋书·恩幸传序》）“魏氏立九品，置中正，尊世胄，卑寒士，权归右姓……皆取著姓士族为之，以定门胄，品藻人物，晋宋因之。”（《新唐书·柳冲传》）

经术，在时代动乱和农民革命[1]的冲击下，终于垮台。代之而兴的是门阀士族地主阶级[2]的世界观和人生观。这是一种新的观念体系。

本书不同意时下中国哲学史研究中广泛流行的论调，把这种新的世界观人生观以及作为它们理论形态的魏晋玄学，一概说成是腐朽反动的东西。实际上，魏晋恰好是一个哲学重新解放，思想非常活跃、问题提出很多、收获甚为丰硕的时期。虽然在时间、广度、规模、流派上比不上先秦，但思辨哲学所达到的纯粹性和深度上，却是空前的。以天才少年王弼为代表的魏晋玄学，不但远超烦琐和迷信的汉儒，而且也胜过清醒和机械的王充。时代毕竟是前进的，这个时代是一个突破数百年的统治意识，重新寻找和建立理论思维的解放历程。

确乎有一个历程。它开始于东汉末年。埋没了一百多年的王充《论衡》被重视和流行，标志着理性的一次重新发现。与此同时和稍后，仲长统、王符、徐幹的现实政论，曹操、诸葛亮的法家观念，刘劭的《人物志》，众多的佛经翻译……从各个方面都不同于两汉，是一股新颖先进的思潮。被"罢黜百家，独尊儒术"压抑了数百年的先秦的名、法、道诸家，重新为人们所着重探究。在没有过多的统制束缚、没有皇家钦定的标准下，当时文化思想领域比较自由而开放，议论争辩的风气相当盛行。正是在这种基础上，与颂功德、讲实用的两汉经学、文艺相区

---

1 两汉或为奴隶社会，但黄巾主体为农民起义。参看王仲荦：《关于中国的奴隶社会的瓦解及封建关系形成问题》。

2 从后汉崔寔的《四民月令》到北朝颜之推的《家训》，从王戎的钻李、积钱到南渡士族的"求田问舍"，以及谢灵运的"伐山开路"，实际都在一定意义上反映了这个阶级仍在积极地管理、组织庄园经济，注意发展生产，还没有腐朽到齐梁时完全不问世事，不胜绮罗，坐以待毙的没落阶段。这正如魏晋玄学和文艺还没有堕落到齐梁宫体和一味宣扬神不灭论的陈腐教义一样。南朝门阀到齐梁、北朝门阀到周隋才完全没落。

别，一种真正思辨的、理性的“纯”哲学产生了；一种真正抒情的、感性的“纯”文艺产生了。这二者构成中国思想史上的一个飞跃。哲学上的何晏[1]、王弼，文艺上的三曹、嵇、阮，书法上的钟、卫、二王，等等，便是体现这个飞跃、在意识形态各部门内开创真善美新时期的显赫代表。

那么，从东汉末年到魏晋，这种意识形态领域内的新思潮即所谓新的世界观人生观，和反映在文艺—美学上的同一思潮的基本特征，是什么呢?

简单说来，这就是人的觉醒。它恰好成为从两汉时代逐渐脱身出来的一种历史前进的音响。在人的活动和观念完全屈从于神学目的论和谶纬宿命论支配控制下的两汉时代，是不可能有这种觉醒的。但这种觉醒，却是通由种种迂回曲折错综复杂的途径而出发、前进和实现。文艺和审美心理比起其他领域，反映得更为敏感、直接和清晰一些。

《古诗十九首》以及风格与之极为接近的苏李诗，无论从形式到内容，都开一代先声[2]。它们在对日常时世、人事、节候、名利、享乐等等咏叹中，直抒胸臆，深发感喟。在这种感叹抒发中，突出的是一种性命短促、人生无常的悲伤[3]。它们构成《十九首》一个基本音调：

“生年不满百，常怀千岁忧”；“人生寄一世，奄忽若飘尘”；“人生非金石，岂能长寿考”；“人生忽如寄，寿无金石固”；“所遇无故物，焉得不速老”；“万岁更相送，圣贤莫能度”；“出郭门直视，但见丘与

1 何晏当时是重要的哲学家，但由于政治斗争的失败，被人歪曲得一塌糊涂，鲁迅已指出这点。

2 我以为，《十九首》及苏李诗实际应产生于东汉末年或更晚。

3 参看王瑶：《中古文人生活 · 文人与药》。

坟”……，被锺嵘推为“文温以丽，意悲而远，惊心动魄，可谓几乎一字千金”的这些“古诗”中，却有多少个字用于这种人生无常的慨叹！如改说一字千斤，那么这里就有几万斤的沉重吧。它们与友情、离别、相思、怀乡、行役、命运、劝慰、愿望、勉励……结合糅杂在一起，使这种生命短促、人生坎坷、欢乐少有、悲伤长多的感喟，愈显其沉郁和悲凉：

> 行行重行行，与君生别离。相去万余里，各在天一涯。道路阻且长，会面安可知？……思君令人老，岁月忽已晚。弃捐勿复道，努力加餐饭。
>
> 古墓犁为田，松柏摧为薪。白杨多悲风，萧萧愁杀人。思还故里闾，欲归道无因。
>
> 征夫怀远路，起视夜何其。参辰皆已没，去去从此辞。行役在战场，相见未有期。握手一长叹，泪为生别滋。努力爱春华，莫忘欢乐时。生当复来归，死当长相思。……

这种对生死存亡的重视、哀伤，对人生短促的感慨、喟叹，从建安直到晋宋，从中下层直到皇家贵族，在相当一段时间中和空间内弥漫开来，成为整个时代的典型音调。曹氏父子有“对酒当歌，人生几何，譬如朝露，去日苦多”（曹操）；“人亦有言，忧令人老，嗟我白发，生亦何早”（曹丕）；“人生处一世，去若朝露晞……自顾非金石，咄唶令人悲”（曹植）。阮籍有“人生若尘露，天道邈悠悠……孔圣临长川，惜逝忽若浮”。陆机有“天道信崇替，人生安得长，慷慨惟平生，俯仰独悲伤”。刘琨有“功业未及建，夕阳忽西流，时哉不我与，去乎若云浮”。

王羲之有“死生亦大矣，岂不痛哉……。固知一死生为虚诞，齐彭殇为妄作，后之视今亦犹今之视昔，悲夫”！陶潜有“悲晨曦之易夕，感人生之长勤。同一尽于百年，何欢寡而愁殷”。……他们唱出的都是这同一哀伤，同一感叹，同一种思绪，同一种音调。可见这个问题在当时社会心理和意识形态上具有重要的位置，是他们的世界观人生观的一个核心部分。

这个核心便是在怀疑论哲学思潮下对人生的执着。在表面看来似乎是如此颓废、悲观、消极的感叹中，深藏着的恰恰是它的反面，是对人生、生命、命运、生活的强烈的欲求和留恋。而它们正是在对原来占据统治地位的奴隶制意识形态——从经术到宿命，从鬼神迷信到道德节操的怀疑和否定基础上产生出来的。正是对外在权威的怀疑和否定，才有内在人格的觉醒和追求。也就是说，以前所宣传和相信的那套伦理道德、鬼神迷信、谶纬宿命、烦琐经术等等规范、标准、价值，都是虚假的或值得怀疑，它们并不可信或并无价值。只有人必然要死才是真的，只有短促的人生中总充满那么多的生离死别哀伤不幸才是真的。既然如此，那为什么不抓紧生活，尽情享受呢？为什么不珍重自己珍重生命呢？所以，“昼短苦夜长，何不秉烛游”；“不如饮美酒，被服纨与素”；“何不策高足，先据要路津”，说得干脆、坦率、直接和不加掩饰。表面看来似乎是无耻地在贪图享乐、腐败、堕落，其实，恰恰相反，它是在当时特定历史条件下深刻地表现了对人生、生活的极力追求。生命无常、人生易老本是古往今来一个普遍命题，魏晋诗篇中这一永恒命题的咏叹之所以具有如此感人的审美魅力而千古传诵，也是与这种思绪感情中所包含的具体时代内容不可分的。从黄巾起义前后起，整个社会日渐动荡，接着便是战祸不已，疾疫流行，死亡枕藉，连大批的上层贵族也在所不免。"徐（幹）陈（琳）应（玚）刘（桢），一时俱逝"（曹丕：《与吴质书》），荣华富贵，顷刻丧落，曹植曹丕也都只活了四十岁……。既然如此，而上述既定的传统、事物、功业、学问、信仰又并不怎么可信可靠，大都是从外面强加给人们的，那么个人存在的意义和价值就突出出来了，如何有意义地自觉地充分把握住这短促而多苦难的人生，使之更为丰富满足，便突出出来了。它实质上标志着一种人的觉醒，即在怀疑和否定旧有传统标准和信仰价值的条件下，人对自己生命、意义、命运的重新发现、思索、把握和追求。这是一种新的态度和观点。正因为如此，才使那些公开宣扬"人生行乐"的诗篇，内容也仍不同于后世腐败之作。而流传下来的大部分优秀诗篇，却正是在这种人生感叹中抒发着蕴藏着一种向上的、激励人心的意绪情感，它们随着不同的具体时期而各有不同的具体内容。在"对酒当歌，人生几何"底下的，是"烈士暮年，壮心不已"的老骥长嘶，建安风骨的人生哀伤是与其建功立业"慷慨多气"结合交融在一起的。在"死生亦大矣，岂不痛哉"后面的，是"群籁虽参差，适我无非新"，企图在大自然的怀抱中去找寻人生的慰藉和哲理的安息。其间如正始名士的不拘礼法，太康、永嘉的"抚枕不能寐，振衣独长想"（陆机）、"何期百炼刚，化为绕指柔"（刘琨）的政治悲愤，都有一定的具体积极内容。正由于有这种内容，便使所谓"人的觉醒"没有流于颓废消沉；正由于有人的觉醒，才使这种内容具备美学深度。《十九首》、建安风骨、正始之音直到陶渊明的自挽歌，对人生、生死的悲伤并不使人心衰气丧，相反，获得的恰好是一种具有一定深度的积极感情，原因就在这里。

如前所说，内的追求是与外的否定联在一起，人的觉醒是在对旧传统旧信仰旧价值旧风习的破坏、对抗和怀疑中取得的。"何不饮美酒，被服纨与素”，与儒家教义显然不相容，是对抗着的。曹氏父子破坏了东汉重节操伦常的价值标准，正始名士进一步否定了传统观念和礼俗。但“非汤、武而薄周、孔”，嵇康终于被杀头；阮籍也差一点，维护“名教”的何曾就劝司马氏杀阮，理由是“纵情背礼败俗”。这有如刘伶《酒德颂》所说，当时是“贵介公子，缙绅处士……奋袂攘襟，怒目切齿，陈说礼法，是非蜂起”，可见思想对立和争斗之激烈。但陈旧的礼法毕竟抵挡不住新颖的思想，政治的迫害也未能阻挡风气的改变。从哲学到文艺，从观念到风习，看来是如此狂诞不经的新东西，毕竟战胜和取代了一本正经而更加虚伪的旧事物。才性胜过节操，薄葬取替厚葬，王弼超越汉儒，“竹林七贤”成了理想人物，甚至在墓室的砖画上，也取代或挤进了两汉的神仙迷信、忠臣义士的行列[1]。非圣无法、大遭物议并被杀头的人物竟然嵌进了地下庙堂的画壁，而这些人物既无显赫的功勋，又不具无边的法力，更无可称道的节操，却以其个体人格本身，居然可以成为人们的理想和榜样，这不能不是这种新世界观人生观的胜利表现。人们并不一定要学那种种放浪形骸、饮酒享乐，而是被那种内在的才情、性貌、品格、风神吸引着、感召着。人在这里不再如两汉那样以外在的功业、节操、学问，而主要以其内在的思辨风神和精神状态，受到了尊敬和顶礼。是人和人格本身而不是外在事物，日益成为这一历史时期哲学和文艺的中心。

当然，这里讲的“人”仍是有具体社会性的，他们即是门阀士族。由对人生的感喟咏叹到对人物的讲究品评，由人的觉醒意识的出现到人的存在风貌的追求，其间正以门阀士族的政治制度和取才标准为中

1　参看林树中：《江苏丹阳南齐陵墓砖印壁画探讨》，《文物》1977 年第 1 期。

介。后者在造成这一将着眼点转向人的内在精神的社会氛围和心理状况上，有直接的关系。自曹丕确定九品中正制度以来，对人的评议正式成为社会、政治、文化谈论的中心[1]。又由于它不再停留在东汉时代的道德、操守、儒学、气节的品评，于是人的才情、气质、格调、风貌、性分、能力便成了重点所在。总之，不是人的外在的行为节操，而是人的内在的精神性（亦即被看作是潜在的无限可能性），成了最高的标准和原则。完全适应着门阀士族们的贵族气派，讲求脱俗的风度神貌成了一代美的理想。不是一般的、世俗的、表面的、外在的，而是要表达出某种内在的、本质的、特殊的、超脱的风貌姿容，才成为人们所欣赏、所评价、所议论、所鼓吹的对象。从《人物志》到《世说新语》，可以清晰地看出这一特点愈来愈明显。《世说新语》，津津有味地论述着那么多的神情笑貌、传闻逸事，其中并不都是功臣名将们的赫赫战功或忠臣义士的烈烈操守，相反，更多的倒是手执拂麈，口吐玄言，扪虱而谈，辩才无碍。重点展示的是内在的智慧，高超的精神，脱俗的言行，漂亮的风貌。而所谓漂亮，就是以美如自然景物的外观，体现出人的内在智慧和品格。例如：

> 时人目王右军，飘如游云，矫若惊龙。
>
> 嵇叔夜之为人也，岩岩若孤松之独立；其醉也，傀俄若玉山之将崩。(《世说新语》)

"朗朗如日月之入怀"，"双眸闪闪若岩下电"，"濯濯如春月柳"，

---

1 清谈与清议开始本是一回事。参看唐长孺：《魏晋南北朝史论丛》。

“谡谡如劲松下风”，“若登山临下，幽然深远”，“岩岩清峙，壁立千仞”……这种种夸张地对人物风貌的形容品评，要求以漂亮的外在风貌表达出高超的内在人格，正是当时这个阶级的审美理想和趣味。

本来，有自给自足不必求人的庄园经济，有世代沿袭不会变更的社会地位、政治特权，门阀士族们的心思、眼界、兴趣由环境转向内心，由社会转向自然，由经学转向艺术，由客观外物转向主体存在，也并不奇怪。“目送归鸿，手挥五弦；俯仰自得，游心太玄。”（嵇康）他们畏惧早死，追求长生，服药炼丹，饮酒任气，高谈老庄，双修玄礼，既纵情享乐，又满怀哲意，这就构成似乎是那么潇洒不群、那么超然自得、无为而无不为的所谓魏晋风度；药、酒、姿容，论道谈玄，山水景色……成了衬托这种风度的必要的衣袖和光环。

这当然反映在哲学—美学领域内。不是外在的纷繁现象，而是内在的虚无本体，不是自然观（元气论），而是本体论，成了哲学的首要课题。只有具备潜在的无限可能性，才可发为丰富多样的现实性。所以，“以无为本”，“崇本息末”，“本在无为，母在无名，弃本舍母而适其子，功虽大焉，必有不济”（王弼：《老子》三十八章注）。“夫物之所以生，功之所以成，必生乎无形，由乎无名，无形无名者，事物之宗也。”（王弼：《老子略例》）外在的任何功业事物都是有限和能穷尽的，只是内在的精神本体，才是原始、根本、无限和不可穷尽，有了后者（母）才可能有前者。而这也就是“圣人”：“圣人茂于人者，神明也；同于人者，人情也。神明茂，故能体冲和以通无；五情同，故不能无哀乐以应物。”（何劭：《王弼传》引王语）这不正是上面讲的那种魏晋风度的哲理思辨化吗？无为而无不为，茂于神明而同有哀乐，不是外在的有限的表面的功业、活动，而是具有无限可能潜在性的精神、格调、风貌，成了这一时期哲学中的无的主题和艺术中的美的典范。于是，两汉的五彩缤纷的世界（动的行为）让位于魏晋的五彩缤纷的人格（静的玄想）。抒情诗、人物画在这时开始成熟，取代那冗长、铺陈和拙笨的汉赋和汉画像石。正如在哲学中，玄学替代经学，本体论（内在实体的追求）取代了自然观（外在世界的探索）一样。

这也很清楚，“以形写神”和“气韵生动”，作为美学理论和艺术原则之所以会在这一时期被提出，是毫不偶然了。所谓“气韵生动”就是要求绘画生动地表现出人的内在精神气质、格调风度，而不在外在环境、事件、形状、姿态的如何铺张描述（两汉艺术恰恰是这样，见上章）。谢赫《古画品录》评为第一品第一人的陆探微便正是“穷理尽性，事绝言象”的[1]。“以形写神”当然也是这个意思。顾恺之说，“四体妍蚩本无关于妙处，传神写照正在阿堵中”，即是说，“传神”要靠人的眼睛，而并不靠人的形体或在干什么；眼睛才是灵魂的窗子，至于外在活动只是从属的和次要的。这种追求人的“气韵”和“风神”的美学趣味和标准，不正与前述《世说新语》中的人物品评完全一致么？不正与魏晋玄学对思辨智慧的要求完全一致么？它们共同体现了这个时代的精神——魏晋风度。

与造型艺术的“气韵生动”“以形写神”相当，语言艺术中的“言不尽意”具有同样意义。这个哲学中的唯心论命题，在文学的审美规律的把握上，却具有正确和深刻的内涵。所谓“言不尽意”，就是说必须表达出不是概念性的言词所能穷尽传达的东西。它本来是讲哲学玄理

1 尽管谢赫《古画品录序》中仍然说“图绘者，莫不明劝戒，著升沉，千载寂寥，披图可鉴”，这只是沿引绘画功能的传统说法，他提出的“六法”才是新原则。前者是社会学的，后者才是美学的。

的。所谓“尽意莫若象，尽象莫若言”；“言者所以明象，得象忘言；象者所以存意，得意忘象”（王弼：《周易略例》）。言词和形象都是可穷尽的传达工具，重要的是通过这些工具去把握领悟那不可穷尽的无限本体、玄理、深意，这也就是上述的“穷理尽性，事绝言象”。可见，正如“以形写神”“气韵生动”一样，这里的美学含义仍在于，要求通过有限的可穷尽的外在的言语形象，传达出、表现出某种无限的、不可穷尽的、常人不可得不能至的“圣人”的内在神情，亦即通过同于常人的五情哀乐去表达出那超乎常人[1]的神明茂如。反过来，也可说是，要求树立一种表现为静（性、本体）的具有无限可能性的人格理想，其中蕴涵着动的（情、现象、功能[2]）多样现实性。后来这种理想就以佛像雕塑作为最合适的艺术形式表现出来了（见下章）。“言不尽意”“气韵生动”“以形写神”是当时确立而影响久远的中国艺术—美学原则。它们的出现离不开人的觉醒的这个主题，是这个“人的主题”的具体审美表现。

1　参看汤用彤：《魏晋玄学论稿·谢灵运〈辨宗论〉书后》。

2　参看上书《王弼圣人有情义释》。

二　文的自觉

鲁迅说："曹丕的一个时代可说是文学的自觉时代，或如近代所说，是为艺术而艺术的一派。"[1]"为艺术而艺术"是相对于两汉文艺"厚人伦，美教化"的功利艺术而言。如果说，人的主题是封建前期的文艺新内容，那么，文的自觉则是它的新形式。两者的密切适应和结合，形成这一历史时期各种艺术形式的准则。以曹丕为最早标志，它们确乎是魏晋新风。

鲁迅又说："汉文慢慢壮大是时代使然，非专靠曹氏父子之功的，但华丽好看，却是曹丕提倡的功劳。"曹丕地位甚高，后来又做了皇帝，极人世之崇荣，应该是实现了人生的最高理想了吧，然而并不。他依然感到"年寿有时而尽，荣乐止乎其身，二者必至之常期，未若文章之无穷"。帝王将相、富贵功名很快便是白骨荒丘，真正不朽、能够世代流传的却是精神生产的东西。"不假良史之词，不托飞驰之势，而声名自传于后。"（《典论·论文》）显赫一时的皇帝可以湮没无闻，华丽优美的

---

1 《而已集·魏晋风度及药与酒的关系》。

词章并不依赖什么却被人们长久传诵。可见曹丕所以讲求和提倡文章华美，是与他这种对人生“不朽”的追求（世界观人生观）相联系的。文章不朽当然也就是人的不朽，它又正是前述人的主题的具体体现。

这样，文学及其形式本身，其价值和地位便大不同于两汉。在汉代，文学实际只是宫廷玩物。司马相如、东方朔这些专门的语言大师乃是皇帝弄臣，处于“俳优畜之”的地位。那些堂哉皇也的煌煌大赋，不过是歌功颂德、点缀升平，再加上一点所谓“讽喻”之类的尾巴以娱乐皇帝而已。至于绘画、书法等等，更不必说，这些艺术部类在奴隶制时代更没有独立的地位。在两汉，文学与经术没有分家。《盐铁论》里的“文学”指的是儒生，贾谊、司马迁、班固、张衡等人也不是作为文学家而是作为政治家、大臣、史官等等身份而有其地位和名声的。文的自觉（形式）和人的主题（内容）同是魏晋的产物[1]。

在两汉，门阀大族累世经学，家法师传，是当时的文化保存者、垄断者，当他们取得不受皇权任意支配的独立地位，即建立起封建前期的门阀统治后，这些世代沿袭着富贵荣华、什么也不缺少的贵族们，认为真正有价值有意义能传之久远以至不朽的，只有由文学表达出来的他们个人的思想、情感、精神、品格，从而刻意作文，“为艺术而艺术”，确认诗文具有自身的价值意义，不只是功利附庸和政治工具，等等，便也是很自然的了。

所以，由曹丕提倡的这一新观念极为迅速地得到了广泛的响应和长久的发展。自魏晋到南朝，讲求文辞的华美，文体的划分，文笔的区别，文思的过程，文作的评义，文理的探求，以及文集的汇纂，都是前

1　东汉已开始有所变化。范晔《后汉书》始立文苑传，与儒林略有差别，但毕竟“文苑”人物远不及“儒林”有名。

所未有的现象。它们成为这一历史时期意识形态的突出特征。其中，有人所熟知的陆机《文赋》对文体的区划和对文思的描述：

> 诗缘情而绮靡，赋体物而浏亮，碑披文以相质，诔缠绵而凄怆。……
>
> 遵四时以叹逝，瞻万物而思纷，悲落叶于劲秋，喜柔条于芳春。心懔懔以怀霜，志渺渺而临云。……其始也，皆收视反听，耽思旁讯，精骛八极，心游万仞；其致也，情曈昽而弥鲜，物昭晰而互进……观古今于须臾，抚四海于一瞬。

对创作类别特别是对创作心理如此专门描述和探讨，这大概是中国美学史上的头一回。它鲜明地表示了文的自觉。自曹丕、陆机而后，南朝在这方面继续发展。锺嵘的《诗品》以近代诗人作了艺术品评，并提出，“若乃经国文符，应资博古……至乎吟咏情性，亦何贵于用事”？再次把吟咏情性（内容）的诗（形式）和经世致用的经术儒学从创作特征上强调区别开。刘勰的《文心雕龙》则不但专题研究了象风骨、神思、隐秀、情采、时序等等创作规律和审美特征，而且一开头便说，“日月垒璧，以垂丽天之象；山川焕绮，以铺理地之形；此盖道之文也”，而“言之文也，天地之心哉”，把诗文的源起联系到周孔六经，抬到自然之“道”的哲学高度，可以代表这一历史时期对文的自觉的美学概括。

从玄言诗到山水诗，则是在创作题材上反映这种自觉。这些创作本身，从郭璞到谢灵运，当时声名显赫而实际并不成功。他们在内容上与哲学本体论的追求一致，人的主题展现为要求与“道”—自然相同一；在形式上与绘画一致，文的自觉展现为要求用形象来谈玄论道和描绘景物。但由于自然在这里或者只是这些门阀贵族们外在游玩的对象，或者只是他们追求玄远即所谓“神超理得”的手段，并不与他们的生活、心境、意绪发生亲密的关系（这作为时代思潮要到宋元以后），自然界实际并没能真正构成他们生活和抒发心情的一部分，自然在他们的艺术中大都只是徒供描画、错彩镂金的僵化物。汉赋是以自然作为人们功业、活动的外化或表现，六朝山水诗则是以自然作为人的思辨或观赏的外化或表现。主客体在这里仍然对峙着，前者是与功业、行动对峙，后者是与观赏、思辨对峙，不像宋元以后与生活、情感融为一体。所以，谢灵运尽管刻画得如何繁复细腻，自然景物却并未能活起来。他的山水诗如同顾恺之的某些画一样，都只是一种概念性的描述，缺乏个性和情感。然而通过这种描述，文学形式自身却积累了、创造了格律、语汇、修辞、音韵上的种种财富，给后世提供了资料和借鉴。

例如五言诗体，便是从建安、正始通由玄言诗、山水诗而确立和成熟的。从诗经的“四言”到魏晋的“五言”，虽是一字之差，表达的容量和能力却很不一样。这一点，锺嵘总结过：“夫四言文约意广，取效风骚，便可多得，每苦文繁而意少，故世罕习焉。五言居文词之要，是众作之有滋味者也。”“四言”要用两句表达的，“五言”用一句即可。这使它比四言诗前进一大步，另方面，它又使汉代的杂言（一首中三字、四字、五字、六字、七字均有）规范化而成为诗的标准格式。直到唐末，五言诗始终是居统治地位的主要正统形式，而后才被七言、七言律所超越。此外，如六朝骈体，如沈约的四声八病说，都相当自觉地把汉字修辞的审美特性研究发挥到了极致。它们对汉语字义和音韵的对称、匀衡、协调、和谐、错综、统一种种形式美的规律，做了空前的发掘和运用。它们从外在形式方面表现了文的自觉。灵活而工整的对仗，从当时起迄至今日，仍是汉文学的重要审美因素。

在具体创作、批评上也如此。曹植当时之所以具有那么高的地位，锺嵘比之为“譬人伦之有周孔”，重要原因之一也就是，从他开始，讲究诗的造词炼句。所谓“起调多工”（如“高台多悲风，朝日照北林”等等），精心炼字（如“惊风飘白日”，“朱华冒绿池”等等），对句工整（如“潜鱼跃清波，好鸟鸣高枝”等等），音调谐协（如“孤魂翔故城，灵柩寄京师”等等），结语深远（如“去去莫复道，沉忧令人老”等等）[1]……都表明他是在有意识地讲究作诗，大不同于以前了。正是这一点，使他能作为创始代表，将后世诗词与难以句摘的汉魏古诗划了一条界线。所以锺嵘要说他是“譬人伦之有周孔”了。这一点的确具有美学上的巨大意义。其实，如果从作品的艺术成就说，曹植的众多诗作也许还抵不上曹丕的一首《燕歌行》，王船山便曾称誉《燕歌行》是“倾情倾度，倾色倾声，古今无两”。但由于《燕歌行》毕竟像冲口而出的民歌式的作品，所谓“殆天授非人力”（《姜斋诗话》），在当时的审美观念中，就反被认为“率皆鄙质如偶语”（《诗品》），远不及曹植讲究字句，“词采华茂”。这也就不奇怪锺嵘《诗品》为何把曹丕放在中品，而把好些并无多少内容，只是雕饰文词的诗家列为上乘了，当时正是“俪采百字之偶，争价一句之奇”的时代。它从一个极端，把追求“华丽好看”的“文的自觉”这一特征表现出来了。可见，药、酒、姿容、神韵，还必须加上“华丽好看”的文彩词章，才构成魏晋风度。

所谓“文的自觉”，是一个美学概念，非单指文学而已。其他艺术，特别是绘画与书法，同样从魏晋起，表现着这个自觉。它们同样展现为

1 参看萧涤非：《读诗三札记》。

讲究、研讨、注意自身创作规律和审美形式。谢赫总结的“六法”，“气韵生动”之后便是“骨法用笔”，这可说是自觉地总结了中国造型艺术的线的功能和传统，第一次把中国特有的线的艺术，在理论上明确建立起来：“骨法用笔”（线条表现）比“应物象形”（再现对象）、“随类赋彩”（赋予色彩）、“经营位置”（空间构图）、“传移模写”（模拟仿制）居于远为重要的地位。康德曾说，线条比色彩更具审美性质。应该说，中国古代相当懂得这一点，线的艺术（画）[1]正如抒情文学（诗）一样，是中国文艺最为发达和最富民族特征的，它们同是中国民族的文化—心理结构的表现。

书法是把这种“线的艺术”高度集中化纯粹化的艺术，为中国所独有。这也是由魏晋开始自觉的。正是魏晋时期，严正整肃、气势雄浑的汉隶变而为真、行、草、楷，中下层不知名没地位的行当，变而为门阀名士们的高妙意兴和专业所在。笔意、体势、结构、章法更为多样、丰富、错综而变化。陆机的《平复帖》，二王的《姨母》《丧乱》《奉橘》《鸭头丸》诸帖，是今天还可看到的珍品遗迹。他们以极为优美的线条形式，表现出人的种种风神状貌，“情驰神纵，超逸优游”，“力屈万夫，韵高千古”，“淋漓挥洒，百态横生”，从书法上表现出来的仍然主要是那种飘俊飞扬、逸伦超群的魏晋风度。甚至在随后的石碑石雕上，也有这种不同于两汉的神清气朗的风貌反映。

1　“凡属表示愉快感情的线条，……总是一往流利，不作顿挫，转折也是不露圭角的。凡属表示不愉快感情的线条就一往停顿，呈现一种艰涩状态，停顿过甚的就显示焦灼和忧郁感。”（吕凤子：《中国画法研究》第 4 页，上海人民美术出版社，1978 年）对线的抒情性质说得很明确具体，可参考。

三　阮籍与陶潜

艺术与经济、政治经常不平衡。如此潇洒不群飘逸自得的魏晋风度却产生在充满动荡、混乱、灾难、血污的社会和时代。因此，有相当多的情况是，表面看来潇洒风流，骨子里却潜藏深埋着巨大的苦恼、恐惧和烦忧。这一点鲁迅也早提示过。

如本章开头所说，这个历史时期的特征之一是频仍的改朝换代。从魏晋到南北朝，皇帝王朝不断更迭，社会上层争夺砍杀，政治斗争异常残酷。门阀士族的头面人物总要被卷进上层政治漩涡，名士们一批又一批地被送上刑场。何晏、嵇康、二陆、张华、潘岳、郭璞、刘琨、谢灵运、范晔、裴頠……这些当时第一流的著名诗人、作家、哲学家，都是被杀戮害死的。应该说，这是一张相当惊人的名单，而这些人不过代表而已，远不完备。"广陵散于今绝矣"，"华亭鹤唳不可复闻"，留下来的总是这种痛苦悲哀的传闻故事。这些门阀贵族们就经常生活在这种既富贵安乐而又满怀忧祸的境地中，处在身不由己的政治争夺之中。"常畏大网罗，忧祸一旦并"（何晏），"心之忧矣，永啸长吟"（嵇康），是他们作品中经常流露的情绪。正是由于残酷的政治清洗和身家毁灭，使他们的人生慨叹夹杂无边的忧惧和深重的哀伤，从而大大加重了分量。他们的“忧生之嗟”由于这种现实政治内容而更为严肃。从而，无论是顺应环境、保全性命，或者是寻求山水、安息精神，其中由于总藏存这种人生的忧恐、惊惧，情感实际是处在一种异常矛盾复杂的状态中。外表尽管装饰得如何轻视世事，洒脱不凡，内心却更强烈地执着人生，非常痛苦。这构成了魏晋风度内在的深刻的一面。

阮籍便是这类的典型。“阮旨遥深”（刘勰），“虽然慷慨激昂，但许多意思是隐而不显的”（鲁迅）。阮籍82首咏怀诗确乎隐晦之至，但也很明白，从诗的意境情绪中反映出来的，正是这种与当时残酷政治斗争和政治迫害相密切联系的人生慨叹和人生哀伤：

> 繁华有憔悴，堂上生荆杞。驱马舍之去，去上西山趾。一身不自保，何况恋妻子。凝霜被野草，岁暮亦云已。
>
> 胸中怀汤火，变化故相招。万事无穷极，知谋苦不饶。但恐须臾间，魂气随风飘。终身履薄冰，谁知我心焦。

感伤、悲痛、恐惧、爱恋、焦急、忧虑，欲求解脱而不可能，逆来顺受又不适应。一方面很想长寿延年，“独有延年术，可以慰吾心”，同时又感到“人言愿延年，延年欲焉之”，延年又有什么用处？一方面，“一飞冲青天，旷世不再鸣，岂与鹑鷃游，连翩戏中庭”；“抗身青云中，网罗孰能制，岂与乡曲士，携手共言誓”；痛恶环境，蔑视现实，要求解脱；同时，却又是“宁与燕雀翔，不随黄鹄飞，黄鹄游四海，中路将安归”，现实逼他仍得低下头来，应付环境，以保全性命。所以，一方面被迫为人写劝进笺，似颇无聊；同时又“口不臧否人物”，极端慎重，并且大醉60日拒不联姻……所有这些，都说明阮籍的诗所以那么隐而不显，实际包含了欲写又不能写的巨大矛盾和苦痛。鲁迅说向秀的《思旧赋》是刚开头就煞了尾，指的也是这同一问题。对阮籍的评价、阐解向来做得不够。总之，别看传说中他作为竹林名士是那么放浪潇洒，其内心的冲突痛苦是异常深沉的，“一为黄雀哀，涕下谁能禁”；“谁云玉石同，泪下不可禁”……便是一再出现在他笔下的诗句。把受残酷政治迫害的疼楚哀伤曲折而强烈地抒发出来，大概从来没有人像阮籍写得这样深沉美丽。正是这一点，使所谓魏晋风度和人的主题具有了真正深刻的内容，也只有从这一角度去了解，才能更多地发现魏晋风度的积极意义和美学力量之所在。

魏晋风度原似指一较短时期，本书则将它扩至晋宋。从而陶潜便可算作它的另一人格化的理想代表。也正如鲁迅所一再点出：“在《陶集》里有《述酒》一篇，是说当时政治的”，“由此可知陶潜总不能超于尘世，而且，于朝政还是留心，也不能忘掉‘死’”。陶潜的超脱尘世与阮籍的沉湎酒中一样，只是一种外在现象。超脱人世的陶潜是宋代苏轼塑造出来的形象。实际的陶潜，与阮籍一样，是政治斗争的回避者。他虽然没有阮籍那么高的阀阅地位，也没有那样身不由己地卷进最高层的斗争漩涡，但陶潜的家世和少年抱负都使他对政治有过兴趣和关系。他的特点是十分自觉地从这里退了出来。为什么这样？在他的诗文中，响着与阮籍等人颇为相似的音调，可以作为答案：“密网裁而鱼骇，宏罗制而鸟惊；彼达人之善觉，乃逃禄而归耕”；“古时功名士，慷慨争此场，一旦百岁后，相与还北邙……荣华诚足贵，亦复可怜伤”；“枝条始欲茂，忽值山河改，柯叶自摧折，根株浮沧海……本不植高原，今日复何悔”等等，这些都是具有政治内容的。由于身份、地位、境况、遭遇的不同，陶潜的这种感叹不可能有阮籍那么尖锐沉重，但它仍是使陶潜逃避“诚足贵”的“荣华”，宁肯回到田园去的根本原因。陶潜坚决从上层社会的政治中退了出来，把精神的慰安寄托在农村生活的饮酒、读书、作诗上，他没有那种后期封建社会士大夫对整个人生社会的空漠之感，相反，他对人生、生活、社会仍有很高的兴致。他也没有像后期封建士大夫信仰禅宗、希图某种透彻了悟。相反，他对生死问题和人生无常仍极为执着、关心，他仍然有着如《十九首》那样的人生慨叹：“人生似幻化，终当归虚无”；“今我不为乐，知有来岁否”。尽管他信天师道[1]，实际采取的仍是一种无神论和怀疑论的立场，他提出了许多疑问：“夷投老以长饥，回早夭而又贫……虽好学与行义，何死生之苦辛。疑报德之若兹，惧斯言之虚陈”，总结则是，“苍昊遐缅，人事无已，有感有昧，畴测其理”。这种怀疑派的世界观人生观也正是阮籍所具有的：“荣名非己宝，声色焉足娱。采药无旋返，神仙志不符。逼此良可惑，令我久踌躇。”这些魏晋名士们尽管高谈老庄，实际仍是知道“一死生为虚诞，齐彭殇为妄作”，老庄（无神论）并不能构成他们真正的信仰，人生之谜在他们精神上仍无法排遣或予以解答。所以前述人生无常、生命短促的慨叹，从《十九首》到陶渊明，从东汉末到晋宋之后，仍然广泛流行，直到齐梁以后佛教鼎盛，大多数人去皈依佛宗，才似乎解决了这个疑问。

与阮籍一样，陶潜采取的是一种政治性的退避。但只有他，才真正做到了这种退避，宁愿归耕田园，蔑视功名利禄。“宁固穷以济意，不委屈而累己。既轩冕之非荣，岂缊袍之为耻。诚谬会以取拙，且欣

1　参看陈寅恪：《陶渊明之思想与清谈之关系》。

然而归止"。不是外在的轩冕荣华、功名学问，而是内在的人格和不委屈以累己的生活，才是正确的人生道路。所以只有他，算是找到了生活快乐和心灵慰安的较为现实的途径。无论人生感叹或政治忧伤，都在对自然和对农居生活的质朴的爱恋中得到了安息。陶潜在田园劳动中找到了归宿和寄托。他把自《十九首》以来的人的觉醒提到了一个远远超出同时代人的高度，提到了寻求一种更深沉的人生态度和精神境界的高度。从而，自然景色在他笔下，不再是作为哲理思辨或徒供观赏的对峙物，而成为诗人生活、兴趣的一部分。"蔼蔼停云，蒙蒙时雨"；"倾耳无希声，举目皓以洁"；"平畴交远风，良苗亦怀新"……春雨冬雪，辽阔平野，各种普通的、非常一般的景色在这里都充满了生命和情意，而表现得那么自然、质朴。与谢灵运等人大不相同，山水草木在陶诗中不再是一堆死物，而是情深意真，既平淡无华又盎然生意：

> 时复墟里中，披草共来往。相见无杂言，但道桑麻长。桑麻日已长，我土日益广。常恐霜霰至，零落同草莽。
>
> 种豆南山下，草盛豆苗稀。晨兴理荒秽，带月荷锄归。道狭草木长，夕露沾我衣。衣沾不足惜，但使愿无违。
>
> 暧暧远人村，依依墟里烟。狗吠深巷中，鸡鸣桑树巅。户庭无尘杂，虚室有余闲。久在樊笼中，复得返自然。

这是真实、平凡而不可企及的美。看来是如此客观地描绘自然，却只有通过高度自觉的人的主观品格才可能达到。

陶潜和阮籍在魏晋时代分别创造了两种迥然不同的艺术境界，一超然事外[1]，平淡冲和；一忧愤无端，慷慨任气。它们以深刻的形态表现了魏晋风度。应该说，不是建安七子，不是何晏、王弼，不是刘琨、郭璞，不是二王、颜、谢，而是他们两个人，才真正是魏晋风度的最高优秀代表。

1　而非“超然世外”。这种“超世”的希冀要到苏轼才有（参看本书《韵外之致》）。

六

佛陀世容

一　悲惨世界

宗教是异常复杂的现象。它一方面蒙蔽麻痹人们于虚幻幸福之中；另方面广大人民在一定历史时期中如醉如狂地吸食它，又经常是对现实苦难的抗议或逃避。宗教艺术也是这样。一般说来，宗教艺术首先是特定时代阶级的宗教宣传品，它们是信仰、崇拜，而不是单纯观赏的对象。它们的美的理想和审美形式是为其宗教内容服务的。中国古代留传下来的主要是佛教石窟艺术。佛教在中国广泛传播流行，并成为门阀地主阶级的意识形态，在整个社会占据统治地位，是在频繁战乱的南北朝。北魏与南梁先后正式宣布它为国教[1]，是这种统治的法律标志。它历经隋唐，达到极盛时期，产生出中国化的禅宗教派而走向衰亡。它的石窟艺术也随着这种时代的变迁、阶级的升降和现实生活的发展而变化发展，以自己的形象方式，反映了中国民族由接受佛教而改造消化它，而最终摆脱它。清醒的理性主义、历史主义的华夏传统终于战胜了反理性的神秘迷狂，这是一个重要而深刻的思想意识的行程。所以，尽管同样

1　东晋末年广泛流行的佛教终于被梁武帝定为国教：北朝则自石勒父子信奉佛图澄，已大流行，中经魏太武帝短暂灭佛，至文成帝营造云冈石窟，地位不再动摇。

是硕大无朋的佛像身躯，同样是五彩缤纷的壁画图景，它的人世内容却并不相同。如以敦煌壁画为主要例证，可以明显看出，北魏、隋、唐（初、盛、中、晚）、五代、宋这些不同时代有着不同的神的世界。不但题材、主题不同，而且面貌、风度也异。宗教毕竟只是现实的麻药，天上到底仍是人间的折射。下面粗分为（甲）魏、（乙）唐前期和（丙）唐后期、五代及宋三个时期和类型来谈。

无论是云冈、敦煌、麦积山，中国石窟艺术[1]最早要推北魏洞窟，印度传来的佛传、佛本生等印度题材占据了这些洞窟的壁画画面。其中，以割肉贸鸽、舍身饲虎、须达拏好善乐施和五百强盗剜目故事等最为普遍。

割肉贸鸽故事即所谓“尸毗王本生”。“尸毗王者，今佛身是也”，即释迦牟尼成佛前经历过的许多生世中的一个。这故事是说，一只小鸽被饿鹰追逐，逃匿到尸毗王怀中求救，尸毗王对鹰说，你不要吃这小鸽。鹰说，我不吃鲜肉就要饿死，你为何不怜惜我呢？尸毗王于是用一杆秤一端称鸽，一端放同等重量的从自己腿上割下来的鲜肉，用自己的血肉来换下鸽子的生命。但是很奇怪，把整个股肉、臂肉都割尽了，也仍没小鸽重。尸毗王竭尽全部气力把整个自己投在秤盘上，即以自己的生命和一切来作抵偿。结果大地震动，鹰、鸽不见，原来这是神来试探他的。如是云云。一般壁画中贸鸽故事所选择的场面，大多是割肉的景象：所谓佛前生的尸毗王盘腿端坐，身躯高大，头微侧，目下视，安详镇定，无所畏惧，决心用自己的血肉来换下鸽子的生命。他一手抬举胸

1 石窟比庙宇、宫殿在战乱中容易保存，“古来帝宫，终逢煨尽，若依立之，效尤斯及，……乃顾盼山尊，可以终天，……安设尊仪，或石或塑”。（释道宣《神州三宝感通灵》）战乱频繁的北朝多石窟。

前，另手手心站着被饿鹰追逐而向他求救的小鸽。下面则是矮小而满脸凶狠的刽子手在割腿肉，鲜血淋漓。周围配以各色表情人物，或恐惧、或哀伤、或感叹。飘逸流动的菩萨飞舞在旁，像音乐和声般地以流畅而强烈的音响，衬托出这庄严的主题。整个画面企图在肉体的极端痛苦中，突出心灵的平静和崇高。

“舍身饲虎”是佛的另一本生故事，说的是摩诃国有三位王子同行出游，在一座山岩下看见七只初生的小虎，围绕着奄奄欲毙的、饿瘦了的母虎。最小的王子发愿牺牲自己以救饿虎。他把两位哥哥催回去后，就投身虎口。但这虎竟没气力去吃他。他于是从自己身上刺出血来，又从高岩跳下，坠身虎旁。饿虎舐食王子流出的血后，恢复了气力，便把王子吃了，只剩下一堆骨头和毛发。当两位哥哥回来找他时，只看到这堆残骸与血渍，于是悲哭告知国王父母，在该处建立了一座宝塔。如此等等。

壁画以单幅或长幅连环场景，表现它的各个环节：山岩下七只初生小虎环绕着奄奄欲毙、饿极了的母虎，小王子从高岩跳下坠身虎旁，饿虎舐食王子，父母悲泣，建立宝塔。其中最突出的是饲虎的画面。故事和场景比割肉贸鸽更为阴森凄厉，意图正是要在这愈发悲惨的苦难中，托出灵魂的善良与美丽。

其实，老虎又有什么可怜惜的呢？也硬要自愿付出生命和一切，那就不必说人世间的一般牺牲了。连所谓王子、国王都如此“自我牺牲”，那就不必说一般的老百姓了。这是统治者的自我慰安和欺骗，又是他们撒向人间的鸦片和麻药。它是一种地道的反理性的宗教迷狂，其艺术音调是激昂、狂热、紧张、粗犷的。我们今天在这早已褪掉颜色、失去本来面目的壁画图像中，从这依稀可辨的大体轮廓中，仍可以感受到那种带有刺激性的热烈迷狂的气氛和情调：山村野外的荒凉环境，活跃飘动的人兽形象，奔驰放肆的线条旋律，运动型的形体姿态……成功地渲染和烘托出这些迷狂的艺术主题和题材，它构成了北魏壁画的基本美学特征。黑格尔论欧洲中世纪宗教艺术时曾说，这是把苦痛和对于苦痛的意识和感觉当作真正的目的，在苦痛中愈意识到所舍弃的东西的价值和自己对它们的喜爱，愈长久不息地观看自己的这种舍弃，便愈发感受到把这种考验强加给自己身上的心灵的丰富（见黑格尔：《美学》第2卷）。黑格尔的论述完全适合这里。

须达拏好善乐施的故事是说，太子须达拏性好施舍，凡向他乞求，无不答应。他把国宝白象施舍给了敌国，国王大怒，驱逐他出国。他带着妻儿四口坐马车入山。走不多远，有二人乞马，太子给了他们。又走不远，有人乞车，又给了。他和妻子各抱一子继续前进。又有人乞衣，他把衣服施舍了。车马衣物钱财全施舍光了，来到山中住下。不久又有人求乞，两个孩子怕自己被父亲施舍掉，便躲藏起来。但太子终于把这两个战栗着的小孩找出来，用绳子捆缚起来送给了乞求者。孩子们依恋父母不肯走，乞求者用鞭子抽得他们出血，太子虽然难过下泪，但仍让孩子被牵走，以实现他的施舍。

五百强盗的故事是说，五百强盗造反，与官兵交战，被擒获后受剜眼重刑，在山村中哭嚎震野，痛苦万分。佛以药使眼复明，便都皈依了佛法。

这些故事比割肉、饲虎之类，更是现实人间的直接写照，但却是严重歪曲了的写照。财产衣物被剥夺干净，亲生儿女被捆缚牵走，造反、受刑……所有这些不都是当时人们所常见所亲历的真实景象和生活么？却都被用来宣扬忍受痛苦、自我牺牲，悲苦冤屈也不要忿怒反抗，以换取屡世苦修成佛。可是具体形象毕竟高于抽象教义，活生生的、血淋淋的割肉、饲虎、“施舍”儿女、造反剜眼等等艺术场景本身，是如此悲惨残酷得不合常情，给人感受到的不又正是对当时压迫剥削的无声抗议么？宗教里的苦难既是现实的苦难的表现，又是对这种现实的苦难的呻吟。宗教是被压迫生灵的叹息，是无情世界的情感。当时的现实是：从东汉帝国的瓦解到李唐王朝的统一，四百年间尽管有短暂的和平和局部安定（如西晋、苻秦、北魏，长安、洛阳曾短暂地繁盛一时），整个社会总的说来是长时期处在无休止的战祸、饥荒、疾疫、动乱之中，阶级和民族的压迫剥削采取了极为残酷野蛮的原始形态，大规模的屠杀成了家常便饭，阶级之间的、民族之间的、统治集团之间的、皇室宗族之间的反复的、经常的杀戮和毁灭，弥漫于这一历史时期。曹魏建安时便曾经是“白骨蔽于野，千里无鸡鸣”（曹操诗）。西晋八王之乱揭开了社会更大动乱的序幕，从此之后，便经常是：“白骨蔽野，百无一存”（《晋书·贾疋传》）；“路道断绝，千里无烟”（《晋书·苻坚载记》）；“身祸家破，阖门比屋”（《宋书·谢灵运传》）；“饿死衢路，无人收识”（《魏书·高祖纪》）。这种记载，史不绝书。中原十六国此起彼伏，战乱不已，杀戮残酷。偏安江左的东晋南朝也是军阀更替，皇族残杀，朝代屡换。南北朝显赫一时的皇家贵族，经常是刹那间灰飞烟灭，变成死尸，或沦为奴隶。下层百姓的无穷苦难更不待言，他们为了逃避兵役和剥夺，便只好抛家弃子，披上袈裟，“假慕沙门，实避调役”（《魏书·释老志》）。总之，现实生活是如此的悲苦，生命宛如朝露，身家毫无保障，命运不可捉摸，生活无可眷恋，人生充满着悲伤、惨痛、恐怖、牺牲，事物似乎根本没有什么“公平”和“合理”，也毫不遵循什么正常的因果和规律。好人遭恶报，坏蛋占上风，身家不相保，一生尽苦辛。

为什么会这样？为什么要这样？这似乎非理性所能解答，也不是儒家孔孟或道家老庄所能说明。于是佛教便走进了人们的心灵。既然现实世界毫无公平和合理可言，于是把因果寄托于轮回，把合理委之于“来生”和“天国”。“经曰，业有三报，一者现报，二者生报，三者后报。现报者，善恶始于此身，苦乐即此身受。生报者，次身便受。后报者，或二生或三生，百千万生，然后乃受。”（《广弘明集·道安二教论》）可以想象，在当时极端残酷野蛮的战争动乱和社会压迫下，跪倒或端坐在这些宗教图像故事面前的渺小的生灵们，将以何等狂热激动而又异常复杂的感受和情绪，来进行自己灵魂的洗礼。众多僧侣佛徒的所谓坐禅入定，实际将是多么痛苦和勉强。礼佛的僧俗只得把宗教石窟当作现实生活的花坛、人间苦难的圣地，把一切美妙的想望、无数悲伤的叹息，慰安的纸花、轻柔的梦境，统统在这里放下，努力忘却现实中的一切不公平、不合理。从而也就变得更加卑屈顺从，逆来顺受，更加做出“自我牺牲”，以获取神的恩典。在这个时代早已过去了的今天，我们将如同诵读悲怆的古诗或翻阅苦难的小说，在这些艺术图景中，去感受那通过美学形式积淀着的历史和人生。沉重阴郁的故事表现在如此强烈动荡的形式中，正可以体会到它们当时吸引、煽动和麻醉人们去皈依天国的那种巨大的情感力量。

洞窟的主人并非壁画，而是雕塑。前者不过是后者的陪衬和烘托。四周壁画的图景故事，是为了托出中间的佛身。信仰需要对象，膜拜需要形体。人的现实地位愈渺小，膜拜的佛的身躯便愈高大。然而，这又是何等强烈的艺术对比：热烈激昂的壁画故事陪衬烘托出的，恰恰是异常宁静的主人。北魏的雕塑，从云冈早期的威严庄重到龙门、敦煌，特别是麦积山成熟期的秀骨清相、长脸细颈、衣褶繁复而飘动，那种神情奕奕、飘逸自得，似乎去尽人间烟火气的风度，形成了中国雕塑艺术的理想美的高峰。人们把希望、美好、理想都集中地寄托在它身上。它是包含各种潜在的精神可能性的神，内容宽泛而不定。它并不显示出仁爱、慈祥、关怀等神情，它所表现的恰好是对世间一切的完全超脱。尽管身体前倾，目光下视，但对人世似乎并不关怀或动心。相反，它以对人世现实的轻视和淡漠，以洞察一切的睿智的微笑为特征，并且就在那惊恐、阴冷、血肉淋漓的四周壁画的悲惨世界中，显示出他的宁静、高超和飘逸。似乎肉体愈摧残，心灵愈丰满；身体愈瘦削，精神愈高妙；现实愈悲惨，神像愈美丽；人世愈愚蠢、低劣，神的微笑便愈睿智、高超……。在巨大的、智慧的、超然的神像面前匍伏着蝼蚁般的生命，而蝼蚁们的渺小生命居然建立起如此巨大而不朽的“公平”主宰，也正好折射着对深重现实苦难的无可奈何的强烈情绪。

但他们又仍然是当时人间的形体、神情、面相和风度的理想凝聚。尽管同样向神像祈祷，不同阶级的苦难毕竟不同，对佛的恳求和憧憬也并不一样。梁武帝赎回舍身的巨款和下层人民的“卖儿贴妇钱”，尽管投进了那同一的巨大佛像中，但它们对象化的要求却仍有本质的区别。被压迫者跪倒在佛像前，是为了解除苦难，祈求来生幸福。统治者匍伏在佛像前，也要求人民像他匍伏在神的脚下一样，他要作为神的化身来永远统治人间，正像他想象神作为他的化身来统治天上一样。并非偶然，云冈佛像的面貌恰好是地上君主的忠实写照，连脸上脚上的黑痣也相吻合。“是年诏有司为石像，令如帝身。既成，颜上足下各有黑石，冥同帝体上下黑子。”（《魏书·释老志》）当时有些佛像雕塑更完全是门阀士族贵族的审美理想的体现：某种病态的瘦削身躯，不可言说的深意微笑，洞悉哲理的智慧神情，摆脱世俗的潇洒风度，都正是魏晋以来这个阶级所追求向往的美的最高标准。如上一章说明,《世说新语》描述了那么多的声音笑貌，传闻逸事，目的都在表彰和树立这种理想的人格：智慧的内心和脱俗的风度是其中最重要的两点。佛教传播并成为占统治地位的意识形态之后，统治阶级便借雕塑把他们这种理想人格表现出来了。信仰与思辨的结合本是南朝佛教的特征，可思辨的信仰与可信仰的思辨成为南朝门阀贵族士大夫安息心灵，解脱苦恼的最佳选择，给了这批饱学深思的士大夫以精神的满足。这也表现到整个艺术领域和佛像雕塑（例如禅观决疑的弥勒）上。被谢赫《古画品录》列为第一的陆探微，以“秀骨清相，似觉生动，令人懔懔若对神明”为特征，顾恺之也是“刻削为容仪”，以描绘“清羸示病之容，隐几忘言之状”出名的。北方的实力和军威虽胜过南朝，却一直认南朝文化为中国正统。从习凿齿（东晋）王肃（宋、齐）到王褒、庾信（陈)，数百年南士入北，均倍受敬重，记载颇多。北齐高欢便说，江东“专事衣冠礼乐，中原士大夫望之，以为正朔所在”(《北齐书·杜弼传》)，仍是以南朝为文化正统学习榜样。所以，江南的画家与塞北的塑匠，艺术风格和作品面貌，如此吻合，便不奇怪了。今天留下来的佛教艺术尽管都在北方石窟，但他们所代表的，却是当时作为整体中国的一代精神风貌。印度佛教艺术从传入起，便不断被中国化，那种种接吻、扭腰、乳部突出、性的刺激、过大的动作姿态等等，被完全排除。连雕塑、壁画的外形式（结构、色、线、装饰、图案等）也都中国化了。其中，雕塑——作为智慧的思辨决疑的神，更是这个时代、这个社会的美的理想的集中表现。

二　虚幻颂歌

跟长期分裂和连绵战祸的南北朝相映对的，是隋唐的统一和较长时间的和平和稳定。与此相适应，在艺术领域内，从北周、隋开始，雕塑的面容和体态、壁画的题材和风格都开始明显地变化，经初唐继续发展，到盛唐确立而成熟，形成与北魏的悲惨世界对映的另一种美的典型。

先说雕塑。秀骨清相、婉雅俊逸明显消退，隋塑的方面大耳、短颈粗体、朴达拙重是过渡特征，到唐代，便以健康丰满的形态出现了。与那种超凡绝尘、充满不可言说的智慧和精神性不同，唐代雕塑代之以更多的人情味和亲切感。佛像变得更慈祥和蔼，关怀现世，似乎极愿接近世间，帮助人们。他不复是超然自得、高不可攀的思辨神灵，而是作为管辖世事、可向之请求的权威主宰。

唐窟不再有草庐、洞穴的残迹，而是舒适的房间。菩萨不再向前倾斜，而是安安稳稳地坐着或站着。更重要的是，不再是概括性极大，含义不可捉摸、分化不明显的三佛或一佛二菩萨；而是分工更为确定，各有不同职能，地位也非常明确的一铺佛像或一组菩萨。这里以比前远为确定的形态展示出与各种统治功能、职责相适应的神情面相和体貌姿式。本尊的严肃祥和，阿难的朴实温顺，伽叶的沉重认真，菩萨的文静矜持，天王的威武强壮，力士的凶猛暴烈，或展示力量，或表现仁慈，或显映天真作为虔诚的范本，或露出饱历沧桑作为可信赖的引导。这样，形象更具体化、世俗化；精神性减低，理想更分化，不只是那含义甚多而捉摸不定的神秘微笑了。

这当然是进一步的中国化，儒家思想渗进了佛堂。与欧洲不同，在中国，宗教是从属于、服从于政治的，佛教愈来愈被封建帝王和官府所支配管辖，作为维护封建政治体系的自觉工具。从“助王政之禁律，益仁智之善性”(《魏书・释老志》)，到“常乘舆赴讲，观者号为秃头官家”(《高僧传・慧能》)，从教义到官阶，都日益与儒家合流靠拢。沙门毕竟“拜王者，报父母”，“法果每言，太祖……即是当今如来，沙门宜应尽礼”(《魏书・释老志》)，连佛教内部的头目也领官俸、有官阶，“自姚秦命僧䂮为僧正，秩同侍中，此则公给食俸之始也”，“言僧正者何？正，政也，自正正人，克敷政令，故云也”(《大宋僧史略》卷中)。《报父母恩重经》则成为唐代异常流行的经文。自南北朝以来，儒佛道互相攻讦辩论之后，在唐代便逐渐协调共存。而宗教服务于政治、伦常的儒家思想终于渗入佛教。佛教各宗首领出入宫廷，它的外地上层也被赞为“利根事佛，余力通儒，举君臣父子之义，教尔青襟。……遂使悍戾者好空恶杀，义勇者徇国忘家，稗助至多”(《杜樊川集・敦煌郡僧正慧菀除临坛大德制》)。已非常符合儒家的要求了。在艺术上，唐代佛教雕塑中，温柔敦厚关心世事的神情笑貌和君君臣臣各有职守的统治秩序，充分表现了宗教与儒家的同化合流。于是，既有执行“大棒”职能、凶猛吓人连筋肉也凸出的天王、力士，也有执行“胡萝卜”职能、异常和蔼可亲的菩萨、观音，最后是那端居中央、雍容大度、无为而无不为的本尊佛相。过去、现在、未来诸佛的巨大无边，也不再表现为以前北魏时期那种千篇一律而同语反复的无数小千佛，它聪明地表现为由少数几个形象有机组合的整体。这当然是思想（包括佛教宗派）和艺术的进一步的变化和发展。这里的佛堂是具体而微的天上的李唐王朝、封建的中华佛国。它的整个艺术从属和服务于这一点。它的雕塑具有这样一种不离人间又高出于人间，高出人间又接近人间的典型特征。它既不同于只高出人间的魏，也不同于只不离人间的宋。龙门、敦煌、天龙山的许多唐代雕塑都如此。龙门奉先寺那一组佛像，特别是本尊大佛——以十余米高大的形象，表现如此亲切动人的美丽神情——是中国古代雕塑作品中的“阿波罗”。

壁画的转变遵循了同样的方向。不但同一题材的人物形象有了变化，例如维摩诘由六朝“清羸示病之容”，变而为健壮的老头，而且题材和主题本身也有了一百八十度的转变。与中国传统思想“以德报德，以直报怨”本不相投的那些印度传来的饲虎、贸鸽、施舍儿女等故事，那些残酷悲惨的场景图画，终于消失；代之而起的是各种“净土变”，即各种幻想出来的“极乐世界”的佛国景象：“彼佛土……琉璃为地，金绳界道，城阙宫阁，轩窗罗网，皆七宝成。”于是在壁画中，举目便是金楼玉宇，仙山琼阁，满堂丝竹，尽日笙箫；佛坐莲花中央，环绕着圣众；座前乐队，钟鼓齐鸣；座后彩云缭绕，飞天散花：地下是异草奇花，花团锦簇。这里没有流血牺牲，没有山林荒野，没有老虎野鹿。有的是华贵绚烂的色调，圆润流利的线条，丰满柔和的构图，闹热欢乐的氛围。衣襟飘动的舞蹈美替代了动作强烈的运动美，丰满圆润的女使替代了瘦削超脱的士夫，绚烂华丽代替了粗犷狂放。马也由瘦劲而丰肥，飞天也由男而女，……整个场景、气氛、旋律、情调，连服饰衣装也完全不同于上一时期了。如果说，北魏的壁画是用对悲惨现实和苦痛牺牲的描述，来求得心灵的喘息和精神的慰安，那么，在隋唐则刚好相反，是以对欢乐和幸福的幻想，来取得心灵的满足和神的恩宠。

如果用故事来比故事就更明显。围绕着唐代的“经变”，也有各种“未生怨”“十六观”之类的佛经故事。其中，“恶友品”是最常见的一种。故事是说，善友与恶友两太子率同行五百人出外求宝珠。路途艰苦，恶友折回。太子善友历尽艰险求得宝珠，归途中为恶友抢去，并被恶友刺盲双目。善友盲后做弹筝手，流落异国做看园人，异国公主闻他弹筝而相慕恋，不顾父王反对，终于许身给他。婚后善友双目复明，回到祖国，使思念他的父母双目盲而复明，且宽赦恶友，一家团聚，举国欢腾。

这个故事与北魏那些悲惨故事相比，趣味和理想相距何等惊人。正是这种中国味的人情世态大团圆，在雕塑、壁画中共同体现了新时期的精神。

艺术趣味和审美理想的转变，并非艺术本身所能决定，决定它们的归根到底仍然是现实生活。朝不保夕、人命如草的历史时期终成过去，相对稳定的和平时代、繁荣昌盛的统一王朝，曾使边疆各地在向佛菩萨祈求的发愿文中，也向往来生“转生中国”。社会向前发展，门阀士族已走向下坡，非身份性的世俗官僚地主日益得势，在经济、政治、军事和社会氛围、心理情绪方面都出现了新的因素和景象。这也渗入了佛教及其艺术之中。

由于下层不像南北朝那样悲惨，上层也能比较安心地沉浸在歌舞升平的世间享受中。社会的具体形势有变化，于是对佛国的想望和宗教的要求便有变化。精神统治不再需要用吓人的残酷苦难，而以表面诱人的天堂幸福生活，更为适宜。于是，在石窟中，雕塑与壁画不是以强烈对比的矛盾（崇高），而是以相互补充的和谐（优美）为特征了。唐代壁画“经变”描绘的并不是现实的世界，而是以皇室宫廷和上层贵族为蓝本的理想画图；雕塑的佛相也不是以现实的普通的人为模特儿，而是以享受着生活、体态丰满的上层贵族为标本。跪倒在经变和佛相面前，是钦羡、追求，与北魏本生故事和佛像叫人畏惧而自我舍弃，其心理状态和审美感受是大不一样了。天上与人间不是以彼此对立而是以相互接近为特征。这里奏出的，是一曲幸福存梦想，以引人入胜的幻景颂歌。

三　走向世俗

除却先秦不论，中国古代社会有三大转折。这转折的起点分别为魏晋、中唐、明中叶。社会转折的变化，也鲜明地表现在整个意识形态上，包括文艺领域和美的理想。

开始于中唐社会的主要变化是均田制不再实行，租庸调废止，代之缴纳货币；南北经济交流，贸易发达；科举制度确立；非身份性的世俗地主势力大增，并逐步掌握或参预各级政权。在社会上，中上层广泛追求豪华、欢乐、奢侈、享受。中国封建社会开始走向它的后期。到北宋，这一历史变化完成了。就敦煌壁画说，由中唐开始的这一转折也是很明白的。

盛唐壁画中那些身躯高大的菩萨行列在中唐消失，更多是渲染“经变”；人物成为次要，着意描绘的是热闹繁复的场景，它们几乎占据了整个墙壁。到晚唐五代，这一点更为突出；“经变”种类增多，神像（人物）却愈发变少。色彩俗艳，由华贵而趋富丽，装饰风味日益浓厚。初盛唐圆润中带遒劲的线条、旋律，到这时变得纤纤秀柔，有时甚至有点草率了。

菩萨（神）小了，供养人（人）的形象却愈来愈大，有的身材和盛唐的菩萨差不多，个别的甚至超过。他们一如当时的上层贵族，盛装华服，并各按现实的尊卑长幼，顺序排列。如果说，以前还是人间的神化，那么现在凸出来的已是现实的人间——不过只是人间的上层罢了。很明白，人的现实生活这时显然比那些千篇一律、尽管华贵毕竟单调的“净土变”“说法图”和幻想的西方极乐世界，对人们更富有吸引力，更感到有兴味。壁画开始真正走向现实：欢歌在今日，人世即天堂。

试看晚唐五代敦煌壁画中的《张议潮统军出行图》《宋国夫人出行图》，它们本是现实生活的写真，却涂绘在供养佛的庙堂石窟里，并且占有那么显赫的位置和面积。

张议潮是晚唐收复河西的民族英雄。画面上战马成行，旌旗飘扬，号角与鼓乐齐鸣，武士和文官并列，雄壮威武，完全是对当时史实的形象歌颂。《宋国夫人出行图》中的马车、杂技、乐舞，也完全是世间生活的描写。在中原，吴道子让位于周昉、张萱，专门的人物画家、山水花鸟画家在陆续出现。在敦煌，世俗场景大规模地侵入了佛国圣地，它实际标志着宗教艺术将彻底让位于世俗的现实艺术。

正是对现实生活的审美兴味的加浓，使壁画中的所谓“生活小景”在这一时期也愈发增多：上层的得医、宴会、阅兵……中下层的行旅、耕作、挤奶、拉纤……虽然其中有些是为了配合佛教经文，许多却纯是与宗教无关的独立场景，它们表现了对真正的现实世俗生活的同一意兴。它的重要历史意义在于：人世的生活战胜了天国的信仰，艺术的形象超过了宗教的教义。

与此同时发生的，是对山水，楼台的描画也多了起来。不再是北魏壁画“人大于山，水不容泛”，即山林纯粹作为宗教题材象征（符号）

式的环境背景，山水画开始写实，具有了可独立观赏的意义，宋代洞窟的《五台山图》便是例子。

连壁画故事本身也展现了这一变化。五代“经变”壁画中最流行的《劳度叉斗圣变》，说的是一个斗法故事：劳度叉变作花果盛开的大树，舍利佛唤起旋风吹拔树根；劳度叉化为宝池，舍利佛变作白象把池水吸干；劳度叉先后化作山、龙、牛，舍利佛便化为力士、金翅鸟、狮子王，把前者一一吃掉，如此等等。这与其说是用宗教教义来劝导人，不如说是用世俗的戏剧性来吸引人；这与其看作是用说法来令人崇拜，不如看作是用说书来令人娱悦。宗教及其虔诚就这样从艺术领域里被逐渐挤了出去。

其他领域也是这样。例如，当时寺院的所谓“俗讲”极为盛行，但许多内容并不是佛经教义，也不是六朝名士的“空”“有”思辨，而是地道的世俗生活、民间传说和历史故事。它们甚至与宗教几乎没有多少牵连，纯系为寺院的财政收入以招徕听众，像《汉将王陵变》《季布骂阵文》以及关于伍子胥的小说等等。“聚众谈说，假托经论，所言无非淫秽鄙亵之事……愚夫冶妇乐闻其说，听者填咽。寺舍瞻礼崇奉，呼为和尚。教坊效其声调，以为歌曲。”（赵璘：《因话录》）[1] 寺院“俗讲”，实际已是宋人平话和市民文艺的先声了。

禅宗在中唐以来盛行不已，压倒所有其他佛教宗派，则是这种情况在理论上的表现。哲学与艺术恰好并行。本来，从魏晋玄学的有无之辨到南朝佛学的形神之争，佛教以其细致思辨来俘虏门阀贵族这个当时中国文化的代表阶级，使他们愈钻愈深，乐而忘返。哲理的思辨竟在宗教

1　参看向达：《唐代俗讲考》。

的信仰中找到了丰富的课题，魏晋以来人生悲歌逐渐减少，代之以陶醉在这思辨与信仰相结合的独特意味之中。“释迦如来功济大千，惠流尘境。等生死者叹其达观，览文义者贵其妙明。”（《魏书·释老志》）也因为这样，在信仰中仍然保持了一定的理性思辨，中国永远没有产生像印度教的梵天、湿婆之类极端神秘恐怖的观念和信仰。印度传来的反理性的迷狂故事，在现实生活稍有改变后就退出历史和艺术舞台。更进一步，在理论上终于出现了要求信仰与生活完全统一起来的禅宗：不要那一切烦琐宗教教义和仪式；不必出家，也可成佛；不必那样自我牺牲、苦修苦练，也可成佛。并且，成佛也就是不成佛，在日常生活中保持或具有一种超脱的心灵境界，也就是成佛。从“顿悟成佛”到“呵佛骂祖”，从“人皆有佛性”到“山还是山，水还是水”，重要的不只是“从凡入圣”，而更是“从圣入凡”，同平常人、日常生活表面完全一样，只是精神境界不同而已。“担水砍柴，莫非妙道”，“语默动静，一切声色，尽是佛事”（《古尊宿语录》卷三）。这样，结论自然就是，并不需要一种什么特殊对象的宗教信仰和特殊形体的偶像崇拜。正如宗教艺术将为世俗艺术所替代，宗教哲学包括禅宗也将为世俗哲学的宋儒所替代。宗教迷狂在中国逐渐走向衰落。“南朝四百八十寺，多少楼台烟雨中。”这一切，当然又是以中国社会由中古进入近古（封建后期）的经济基础和社会关系的重要变动为现实基础的。

所以，走进完成了这一社会转折的敦煌宋代石窟，便感到那已是失去一切的宗教艺术：尽管洞窟极大，但精神全无。壁画上的菩萨行列尽管多而且大，但毫无生气，简直像影子或剪纸般地贴在墙上，图式化概念化极为明显。甚至连似乎是纯粹形式美的图案也如此：北魏图案的活跃跳动，唐代图案的自由舒展全没有了，有的只是规范化了的呆板回文，整个洞窟给人以一派清凉、贫乏、无力、呆滞的感受。只有近于写实的山水楼台（如《天台山图》）还略有可看，但那已不是宗教艺术了。在这种洞窟里，令人想起的是说理的宋诗和宋代的理学：既失去迷狂的宗教激情，又不做纯粹的名理思辨，重视的只是学问议论和伦常规范。艺术与哲学竟是这样的近似。

《酉阳杂俎》记唐代韩幹的宗教画已经是贵族家中的“妓小小写真”，神的形象已完全人间化、世俗化。宋代雕塑则充分体现了这一特征。无论是大足石刻、晋祠宋塑以及麦积山的著名宋塑，都创造了迥然有异于魏、唐的另一种雕塑美的典范。它不是思辨的神（魏）或主宰的神（唐），而完全是世俗的神，即人的形象。它比唐代更为写实，更为逼真，更为具体，更为可亲甚至可昵。大足北山那些观音、文殊、普贤等神像，面容柔嫩，眼角微斜，秀丽妩媚，文弱动人。麦积山、敦煌等处的宋塑也都如此，更不用说晋祠的那些有名的侍女像了，大足、麦积山那些最为成功的作品——优美俊俏的形象正是真实的人间妇女，它们实际已不属于宗教艺术的范围，也没有多少宗教的作用和意味了。

可见，把历时数百年之久的中国佛教艺术当作一个混沌的整体对待是不行的，重要的是历史的分析和具体的探索。从天上人间的强烈对照到它们之间的接近和谐，到完全合为一体；由接受和发展宗教艺术到它的逐渐消亡，这是一个漫长而曲折复杂的过程，但艺术思潮和美的理想这种发展变化却完全是合乎规律性的。在宗教雕塑里，随着时代和社会的变异，有各种不同的审美标准和美的理想。概括说来，大体（也只是大体）可划为三种：即魏、唐、宋。一以理想胜（魏），一以现实胜（宋），一以二者结合胜（唐）。它们的美不同。在这三种类型中，都各有其成功与失败、优秀与拙劣的作品（而且三种有时也不能截然划分）。

随着今天人们爱好的不同，也可以各有选择和偏好。作为类型（不是个别作品），本书作者比较推崇第一种，因为它比较充分地运用了雕塑这门艺术的种类特性：以静态人体的大致轮廓，表达出高度概括性的令人景仰的对象和理想。

七

盛唐之音

一　青春、李白

唐代历史揭开了中国古代最为灿烂夺目的篇章。结束了数百年的分裂和内战，在从中原到塞北普遍施行均田制的基础上，李唐帝国在政治、财政、军事上都非常强盛。并且，随着经济的发展，南北朝那种农奴式的人身依附逐渐松弛，经由中唐走向消失。与此相应，出现了一系列新的情况和因素。“山东之人质，故尚婚娅”，“江左之人文，故尚人物”，“关中之人雄，故尚冠冕”，“代北之人武，故尚贵戚”(《新唐书·柳冲传》)。以杨隋和李唐为首的关中门阀取得了全国政权，使得“重冠冕”(官阶爵禄)压倒了“重婚娅”(强调婚姻关系的汉魏北朝旧门阀)、“重人物”(东晋南朝门阀以风格品评标榜相尚)、“重贵戚”(入主中原的原少数民族重血缘关系)等更典型的传统势力和观念。“仕”与“婚”同成为有唐一代士人的两大重要课题[1]，某种“告身”实即官阶爵禄在日益替代阀阅身份，成为唐代社会视为最高荣誉所在。社会风尚在逐渐变化。

1　从陈寅恪说。参看陈著《元白诗笺证稿》。

这与社会政治上实际力量的消长联在一起，名气极大的南朝大门阀势力如王、谢，在齐梁即已腐朽没落；顽固的北朝大门阀势力如崔、卢，一开始在初唐就被皇室压制[1]。以皇室为中心的关中门阀，又接着被武则天所着意打击摧残。与此相映对的是，非门阀士族即世俗地主阶级的势力在上升和扩大。如果说，李世民昭陵陪葬墓的大墓群中，被赐姓李的功臣占据了比真正皇族还要显赫的位置规模[2]，预告了活人世界将有重大变化的话，那么，紧接着高宗、武后大搞“南选”，确立科举，大批不用赐姓的进士们，由考试而做官，参预和掌握各级政权，就在现实秩序中突破了门阀世胄的垄断。不必再像数百年前左思无可奈何地慨叹，“郁郁涧底松，离离山上苗，以彼径寸茎，荫此百尺条”。一条充满希望前景的新道路在向更广大的知识分子开放，等待着他们去开拓。

这条道路首先似乎是边塞军功。“宁为百夫长，胜作一书生。”（杨炯诗）从高门到寒士，从上层到市井，在初唐东征西讨、大破突厥、战败吐蕃、招安回纥的“天可汗”（太宗）时代里，一种为国立功的荣誉感和英雄主义弥漫在社会氛围中。文人也出入边塞，习武知兵。初、盛唐的著名诗人们很少没有亲历过大漠苦寒、兵刀弓马的生涯。与欧洲文艺复兴时代的文武全才、生活浪漫的巨人们相似，直到玄宗时的李白，依然是“白陇西布衣，流落楚汉，十五好剑术，遍于诸侯，三十成文章，历抵卿相。”（《上韩荆州书》）一副强横乱闯甚至带点无赖气的豪迈风度，仍跃然纸上，这决不是宋代以后那种文弱书生或谦谦君子。

1　“太宗曰，我与山东崔卢李郑，旧既无嫌，为其世代衰微，全无冠盖，犹自云士大夫……何以重之？……我今特定姓族者，欲崇今朝冠冕……不需论数世以前。止取今日定爵高下作等级。遂以崔干为第三等。”（《旧唐书・高俭传》）

2　《昭陵陪葬墓调查记》，《文物》1977年第10期。

对外是开疆拓土，军威四震，国内则是相对的安定和统一。一方面，南北文化交流融合，使汉魏旧学（北朝）与齐梁新声（南朝）相互取长补短，推陈出新；另方面，中外贸易交通发达，“丝绸之路”引进来的不只是“胡商”会集，而且也带来了异国的礼俗、服装、音乐、美术以至各种宗教。“胡酒”“胡姬”“胡帽”“胡乐”……是盛极一时的长安风尚。这是空前的古今中外的大交流大融合。无所畏惧无所顾忌地引进和吸取，无所束缚无所留恋地创造和革新，打破框框，突破传统，这就是产生文艺上所谓“盛唐之音”的社会氛围和思想基础。如果说，西汉是宫廷皇室的艺术，以铺张陈述人的外在活动和对环境的征服为特征（参看本书《楚汉浪漫主义》），魏晋六朝是门阀贵族的艺术，以转向人的内心、性格和思辨为特征（参看本书《魏晋风度》），那么唐代也许恰似这两者统一的向上一环：既不纯是外在事物、人物活动的夸张描绘，也不只是内在心灵、思辨、哲理的追求，而是对有血有肉的人间现实的肯定和感受，憧憬和执着。一种丰满的、具有青春活力的热情和想象，渗透在盛唐文艺之中。即使是享乐、颓丧、忧郁、悲伤，也仍然闪烁着青春、自由和欢乐。这就是盛唐艺术，它的典型代表，就是唐诗。

昔人论唐宋诗区别者，夥矣。自《沧浪诗话》提出“本朝人尚理，唐人尚意兴”，诗分唐宋，唐又分初盛中晚以来，赞成者反对者争辩不休。今人钱锺书教授《谈艺录》曾概述各种论断，而认为，“诗分唐宋乃风格性分之殊，非朝代之别”，指出“唐诗多以丰神情韵擅长，宋诗多以筋骨思理见胜……非曰唐诗必出唐人，宋诗必出宋人也”；“夫人禀性，各有偏至，发为声诗，高明者近唐，沉潜者近宋”；“一生之中，少年才气发扬，遂为唐体，晚节思虑深沉，乃染宋调”。这说法是有道理的，唐宋诗确乎是两种风貌与不同性格，包括唐宋在内的历代诗人都可以各有所偏各有所好，不仅唐人可以有宋调，宋人可以发唐音，而且有时也很难严格区划。但是，这两种风格、性貌所以分称唐宋两体，不又正由于它们各是自己时代的产儿吗？“风格性分之殊”，其基础仍在于社会时代之别。少喜唐音，老趋宋调，这种个人心绪爱好随时间迁移的变异，倒恰好象征式地复现着中国后期封建社会和它的主角世俗地主知识分子由少壮而衰老，由朝气蓬勃、纵情生活到满足颓唐、退避现实的历史行程。唐诗之初盛中晚，又恰好形象地展现了这一行程中的若干重要环节和情景。

闻一多关于唐诗的论文久未为文学史著作所重视或采用。其实这位诗人兼学者相当敏锐地述说了由六朝宫体到初唐的过渡。其中提出卢照邻的“生龙活虎般腾踔的节奏”，骆宾王“那一气到底而又缠绵往复的旋律之中，有着欣欣向荣的情绪”[1]，指出“宫体诗在卢、骆手里是由宫廷走向市井，五律到王杨的时代是从台阁移至江山与塞漠”[2]。诗歌随时代的变迁，由宫廷走向生活，六朝宫女的靡靡之音变而为青春少年的清新歌唱。代表这种清新歌唱成为初唐最高典型的，正是闻一多强调的刘希夷和张若虚：

洛阳城东桃李花，飞来飞去落谁家；洛阳女儿好颜色，坐见落花长叹息。今年花落颜色改，明年花开复谁在？已见松柏摧为薪，更闻桑田变成海。古人无复洛城东，今人还对落花风，年年岁岁花相似，岁岁年年人不同。……（《代悲白头翁》[3]）

---

1 闻一多:《唐诗杂论·宫体诗的自赎》。
2 闻一多:《唐诗杂论·四杰》。
3 刘希夷写了许多边塞诗，却以本首更能表现上述特征。

春江潮水连海平，海上明月共潮生。滟滟随波千万里，何处春江无月明。江流宛转绕芳甸，月照花林皆似霰。空里流霜不觉飞，汀上白沙看不见。江天一色无纤尘，皎皎空中孤月轮。江畔何人初见月，江月何年初照人？人生代代无穷已，江月年年只相似。不知江月待何人，但见长江送流水。白云一片去悠悠，青枫浦上不胜愁。谁家今夜扁舟子，何处相思明月楼？……（《春江花月夜》）

多么漂亮、流畅、优美、轻快哟！特别是后者，闻一多再三赞不绝口："更夐绝的宇宙意识！一个更深沉更寥廓更宁静的境界！在神奇的永恒前面，作者只有错愕，没有憧憬，没有悲伤。""他得到的仿佛是一个更神秘的更渊默的微笑，他更迷惘了，然而也满足了。""这里一番神秘而又亲切的，如梦境的晤谈，有的是强烈的宇宙意识。""这是诗中的诗，顶峰上的顶峰。"[1]

其实，这诗是有憧憬和悲伤的。但它是一种少年时代的憧憬和悲伤，一种"独上高楼，望断天涯路"的憧憬和悲伤。所以，尽管悲伤，仍感轻快，虽然叹息，总是轻盈。它上与魏晋时代人命如草的沉重哀歌，下与杜甫式的饱经苦难的现实悲痛，都决然不同。它显示的是，少年时代在初次人生展望中所感到的那种轻烟般的莫名惆怅和哀愁。春花春月，流水悠悠，面对无穷宇宙，深切感受到的是自己青春的短促和生命的有限。它是走向成熟期的青少年时代对人生、宇宙的初醒觉的"自我意识"：对广大世界、自然美景和自身存在的深切感受和珍视，对自身存在的有限性的无可奈何的感伤、惆怅和留恋。人在十六七或十七八

1　闻一多：《唐诗杂论·宫体诗的自赎》。

岁，在似成熟而未成熟，将跨进独立的生活程途的时刻，不也常常经历过这种对宇宙无垠、人生有限的觉醒式的淡淡哀伤么？它实际并没有真正沉重的现实内容，它的美学风格和给人的审美感受，是尽管口说感伤却“少年不识愁滋味”，依然是一语百媚，轻快甜蜜的。永恒的江山、无垠的风月给这些诗人们的，是一种少年式的人生哲理和夹着感伤、怅惘的激励和欢愉。你看，“人生代代无穷已，江月年年只相似。不知江月待何人，但见长江送流水”；你看，“年年岁岁花相似，岁岁年年人不同”；这里似乎有某种奇异的哲理，某种人生的感伤，然而它仍然是那样快慰轻扬、光昌流利……闻一多形容为“神秘”“迷惘”“宇宙意识”等等，其实就是说的这种审美心理和艺术意境。

张若虚《春江花月夜》是初唐的顶峰，经由以王勃为典型代表的“四杰”就要向更高的盛唐峰巅攀登了。于是，尚未涉世的这种少年空灵的感伤，化而为壮志满怀要求建功立业的具体歌唱：

> ……海内存知己，天涯若比邻。无为在歧路，儿女共沾巾。（王勃）
>
> 朝闻游子唱离歌，昨夜微霜初渡河。……莫见长安行乐处，空令岁月易蹉跎。（李颀）[1]

这不正是在上述那种少年感伤之后的奋发勉励么？它更实在，更成熟，开始真正走向社会生活和现实世间。一个人在度过了十六七岁的人生感伤期之后，也经常是成熟地具体地行动起来：及时努力，莫负年

1 这里的次序如刘希夷、李颀以及其他人的一些诗作并非严格按时间安排和区分，而毋宁是一种逻辑和历史的统一体。

华，立业建功，此其时也。“四杰”之后，迎来了现实生活的五彩缤纷，展现了盛唐之音的鲜花怒放，它首先是由陈子昂著名的四句诗喊出来：

> 前不见古人，后不见来者，念天地之悠悠，独怆然而涕下。
>
> （《登幽州台歌》）

陈子昂写这首诗的时候是满腹牢骚、一腔愤慨的，但它所表达的却是开创者的高蹈胸怀，一种积极进取、得风气先的伟大孤独感。它豪壮而并不悲痛。同样，像孟浩然的《春晓》：

> 春眠不觉晓，处处闻啼鸟；夜来风雨声，花落知多少。

尽管伤春惜花，但所展现的，仍然是一幅愉快美丽的春晨图画，它清新活泼而并不低沉哀婉。这就是盛唐之音[1]。此外如：

> 千里黄云白日曛，北风吹雁雪纷纷。莫愁前路无知己，天下何人不识君。（高适）
>
> 葡萄美酒夜光杯，欲饮琵琶马上催。醉卧沙场君莫笑，古来征战几人回。（王翰）

豪迈，勇敢，一往无前！即使是艰苦战争，也壮丽无比；即使是出征、远戍，也爽朗明快：

1　对比之下，辛弃疾“更能消几番风雨，匆匆春又归去，惜春常恨花开早，何况落红无数！”便是何等缠绵哀痛。

秦时明月汉时关，万里长征人未还。但使龙城飞将在，不教胡马度阴山。（王昌龄）

黄河远上白云间，一片孤城万仞山。羌笛何须怨杨柳，春风不度玉门关。（王之涣）

北风卷地百草折，胡天八月即飞雪。忽如一夜春风来，千树万树梨花开。……（岑参）

个人、民族、阶级、国家在欣欣向荣的上升阶段的社会氛围中，盛极一时的边塞诗是构成盛唐之音的一个基本的内容和方面，它在中国诗史上确乎是前无古人的。就拿中唐李益著名的边塞诗来比，如“回乐峰前沙似雪，受降城外月如霜，不知何处吹芦管，一夜征人尽望乡”；“天山雪后海风寒，横笛偏吹行路难，碛里征人三十万,一时回首月中看”。同样题材、主题和风格，它们极近盛唐，然如仔细品味，其中毕竟微增秋厉，不似盛唐快畅了，更不用比“浊酒一杯家万里，燕然未勒归无计，羌管悠悠霜满地”（宋代范仲淹）之类的凄厉。题材主题基本相同，风格也似乎差别不大，但艺术作品和审美敏感仍然展现了各不相同的时代特征。

江山如此多娇！壮丽动荡的一面为边塞诗派占有，优美宁静的一面则由所谓田园诗派写出。像上面孟浩然的《春晓》是如此，特别是王维的辋川名句：

人闲桂花落，夜静春山空，月出惊山鸟，时鸣春涧中。

木末芙蓉花，山中发红萼，涧户寂无人，纷纷开且落。

忠实、客观、简洁，如此天衣无缝而有哲理深意，如此幽静之极却又生趣盎然，写自然如此之美，在古今中外所有诗作中，恐怕也数一数二。它优美、明朗、健康，同样是典型的盛唐之音。如果拿晚唐杜牧的名句来比，例如：“青山隐隐水迢迢，秋尽江南草未凋。二十四桥明月夜，玉人何处教吹箫。”“斯人清唱何人和，草径苔芜不可寻。一夕小敷山下梦，水如环珮月如襟。”也极其空灵美丽，非常接近盛唐，然而毕竟更柔婉清秀，没有那种阔大气质了。

盛唐之音在诗歌上的顶峰当然应推李白，无论从内容或形式，都如此。因为这里不只是一般的青春、边塞、江山、美景，而是笑傲王侯，蔑视世俗，不满现实，指斥人生，饮酒赋诗，纵情欢乐。“天子呼来不上船，自称臣是酒中仙”以及国舅磨墨、力士脱靴的传说故事，都更深刻地反映着前述那整个一代初露头角的知识分子的情感、要求和向往：他们要求突破各种传统约束羁勒；他们渴望建功立业，猎取功名富贵，进入社会上层；他们抱负满怀，纵情欢乐，傲岸不驯，恣意反抗。而所有这些，又恰恰只有当他们这个阶级在走上坡路，整个社会处于欣欣向荣并无束缚的历史时期中才可能存在。

君不见，黄河之水天上来，奔流到海不复回！君不见，高堂明镜悲白发，朝如青丝暮成雪！人生在世须尽欢，莫使金樽空对月。……

……与君论心握君手，荣辱于余亦何有！孔圣犹闻伤凤麟，董龙更是何鸡狗！一生傲岸苦不谐，恩疏媒劳志多乖；严陵高揖汉天子，何必长剑拄颐事玉阶！

弃我去者昨日之日不可留，乱我心者今日之日多烦忧。……抽刀断水水更流，举杯消愁愁更愁，人生在世不称意，明日散发弄扁舟。

……头陀云月多僧气，山水何尝称人意，不能鸣笳按鼓戏沧流，呼取江南女儿歌棹讴。我且为君捶碎黄鹤楼，君亦为吾倒却鹦鹉洲，赤壁争雄如梦里，且须歌舞宽离忧。

兰陵美酒郁金香，玉碗盛来琥珀光。但使主人能醉客，不知何处是他乡。

朝辞白帝彩云间，千里江陵一日还，两岸猿声啼不住，轻舟已过万重山。

盛唐艺术在这里奏出了最强音。痛快淋漓，天才极致，似乎没有任何约束，似乎毫无规范可循，一切都是冲口而出，随意创造，却都是这样的美妙奇异、层出不穷和不可思议。这是不可预计的情感抒发，不可模仿的节奏音调……。龚自珍说："庄屈实二，不可以并，并之以为心，自白始。"(《最录李白集》) 尽管时代的原因使李白缺乏庄周的思辨力量和屈原的深沉感情，但庄的飘逸和屈的瑰丽，在李白的天才作品中确已合而为一，达到了中国古代浪漫文学交响音诗的极峰。

然而，这个极峰，与文学上许多浪漫主义峰巅一样，它只是一个相当短促的时期，很快就转入另一个比较持续的现实典范阶段。那就是以杜甫为"诗圣"的另一种盛唐，其实那已不是盛唐之音了[1]。

---

1 叶适《水心诗话》："少陵与唐音终隔一尘，杜诗兴而天下尽废唐人之学矣。"

二　音乐性的美

在中国所有艺术门类中，诗歌和书法最为源远流长，历时悠久。书法和诗歌同在唐代达到了无可比拟的高峰，既是这个时期最普及的艺术，又是这个时期最成熟的艺术。正如工艺和赋之于汉，雕塑、骈体之于六朝，绘画、词曲之于宋元，戏曲、小说之于明清一样。它们都分别是一代艺术精神的集中点。唐代书法与诗歌相辅而行，具有同一审美气质。其中与盛唐之音若合符契、共同体现出盛唐风貌的是草书，又特别是狂草。

与唐诗一样，唐代书法的发展也经历了一个过程。初唐的书法，就极漂亮。由于皇室（如太宗）宫廷的大力提倡，其风度体貌如同上述从齐梁宫体摆脱出来的诗歌一样，以一种欣欣向荣的新姿态展现出来。唐太宗酷爱王羲之。王羲之的真实面目究竟如何，兰亭真伪应是怎样，仍然可以做进一步的探究。但兰亭在唐初如此名高和风行，像冯、虞、褚的众多摹本，像陆柬之的文赋效颦，似有更多理由把传世兰亭作为初唐美学风貌的造型代表[1]，正如把刘（希夷）张（若虚）作为初唐诗的代表

1　本文不同意郭沫若对兰亭的看法。但认为传世兰亭离王羲之原本距离亦复不小，原本似应更近丧乱诸帖。

一样。冯（承素）、虞（世南）、褚（遂良）、陆（柬之）和多种兰亭摹本，确是这一时期书法美的典型。那么轻盈华美、婀娜多姿，或娟弹春媚、云雾轻笼，或高谢风尘、精神洒落……这不正是《春江花月夜》那种“当时年少春衫薄”式的风流、潇洒和亭亭玉立么？它们与刘、张、四杰的诗歌的气质风神恰好一致，鲜明地共同具有着那个时代的审美理想、趣味标准和艺术要求。

走向盛唐就不同了。孙过庭《书谱》中虽仍遵初唐传统，扬右军而抑大令，但他提出“质以代兴，妍因俗易”，“驰骛沿革，物理常然”，以历史变化观点，强调“达其情性，形其哀乐”，“随其性欲，便以为姿”，明确把书法作为抒情达性的艺术手段，自觉强调书法作为表情艺术的特性，并将这一点提到与诗歌并行，与自然同美的理论高度：“情动形言，取会风骚之意；阳舒阴惨，本乎天地之心”，这与诗中的陈子昂一样，是一个重要的突破。它就像陈子昂“念天地之悠悠”以巨大的历史责任感，召唤着盛唐诗歌的到来一样，孙过庭这一抒情哲理的提出，也预示盛唐书法中浪漫主义高峰的到来。以张旭、怀素[1]为代表的草书和狂草，如同李白诗的无所拘束而皆中绳墨一样，它们流走快速，连字连笔，一派飞动，“迅疾骇人”，把悲欢情感极为痛快淋漓地倾注在笔墨之间。并非偶然，“诗仙”李白与“草圣”张旭齐名。韩愈说：“往时张旭善草书，不治他伎。喜怒窘穷，忧悲愉佚，怨恨思慕，酣醉无聊，不平有动于心，必于草书焉发之。观于物，见山水岩谷，鸟兽虫鱼，草木之花实，日月列星，风雨水火，雷霆霹雳，歌舞战斗，天地万物之变，可喜可愕，一表于书，故旭之书，变动犹鬼神，不可端

1　怀素是中唐人，但其艺术仍可列入盛唐。

倪。”(《送高闲上人序》)不只是张旭狂草，这是当时整个书法的时代风貌。《宣和书谱》便说贺知章“草隶佳处，机会与造化争衡，非人工可到”。一切都是浪漫的，创造的，天才的，一切再现都化为表现，一切模拟都变为抒情，一切自然、世事的物质存在都变而为动荡情感的发展行程……。然而，这不正是音乐么？是的，盛唐诗歌和书法的审美实质和艺术核心是一种音乐性的美。

盛唐本来就是一个音乐高潮。当时传入的各种异国曲调和乐器，如龟兹乐、天竺乐、西凉乐、高昌乐等等，融合传统的“雅乐”“古乐”，出现了许多新创造。从宫廷到市井，从中原到边疆，从太宗的“秦王破阵”到玄宗的“霓裳羽衣”，从急骤强烈的跳动到徐歌慢舞的轻盈，正是那个时代的社会氛围和文化心理的写照。“自破阵舞以下，皆擂大鼓，杂以龟兹之乐，声震百里，动荡山岳。”“惟庆善乐独用西凉乐，最为闲雅。”或武或文，或豪壮或优雅，正如当时的边塞诗派和田园诗派一样。这些音乐歌舞不再是礼仪性的典重主调，而是人世间的欢快心音。

正是这种音乐性的表现力量渗透了盛唐各艺术部类，成为它的美的魂灵，故统称之曰盛唐之音，宜矣。内容前面已说，就是形式，也由这个灵魂支配和决定。绝句和七古乐府所以在盛唐最称横唱，道理也在这里。它们是能入乐谱，为大家所传唱的。“琵琶起舞换新声，总是关山旧别情。撩乱边愁听不尽，高高秋月照长城。”诗与琵琶（音乐）是浑然一体不可分割的。新声、音乐是它的形式，绝句、七古是它的内容；或者反过来说也行，绝句、七言是形式，音乐、抒情是它的内容。总之，它们是紧相联系在一起的。当时人说，“宫掖所传，梨园子弟所歌，旗亭所唱，边将所进，率当时名士所为绝句”。王江宁三人旗亭唱诗的传说等等，无不清楚地证实着这一点。后人说，“三百篇亡，而后有骚、赋，骚、赋难入乐，而后有古乐府，古乐府不入俗，而后以唐绝句为乐府”(王世贞:《曲藻》)。五古从汉魏起，到唐代实已基本作完；五律则自初唐沈（佺期）、宋（之问）搞定形化以来，成为终唐之世的考试体裁、正统格式；七律要到杜甫才真正成熟，宋以后才大流行，所有这些形式都基本是文学的，而不是音乐的。只有“入俗”的绝句和尚未定形的七言（即其中夹有三言、四言、五言、六言等等）才是当时在整个社会中最为流行而可歌可唱的主要艺术形式，它也是盛唐之音的主要文学形式。

如同音乐与诗的关系，舞蹈之于书亦然。观舞姿而进书法，也是一再流传的著名故事:“张颠见公孙大娘舞剑，从而笔势益振。”当时舞蹈特征是什么呢？与音乐一样，它主要也是来自异域少数民族的急烈跳动的胡旋舞(“胡腾”)，即所谓“纵横跳动”“旋转如风”。从而，那如走龙蛇、刚圆遒劲具有弹性活力的笔墨线条，那奇险万状、绎智遗形、连绵不断、忽轻忽重的结体、布局，那倏忽之间变化无常、急风骤雨不可遏制的情态气势，盛唐的草书不正是这纸上的强烈舞蹈么？绝句、草书、音乐、舞蹈，这些表现艺术合为一体，构成当时诗书王国的美的冠冕，它把中国传统重旋律重感情的“线的艺术”，推上又一个崭新的阶段，反映了世俗知识分子上升阶段的时代精神。而所谓盛唐之音，非他，即此之谓也。

三　杜诗颜字韩文

盛唐之音本是一个相当含糊的概念。拿诗来说，李白与杜甫都称盛唐，但两种美完全不同。拿书来说，张旭和颜真卿都称盛唐，但也是两种不同的美。从时间说，杜甫、颜真卿的艺术成熟期和著名代表作品都在安史之乱后；从风貌说，他们也不同前人，另开新路。这两种“盛唐”在美学上具有大不相同的意义和价值。如果说，以李白、张旭等人为代表的“盛唐”，是对旧的社会规范和美学标准的冲决和突破，其艺术特征是内容溢出形式，不受形式的任何束缚拘限，是一种还没有确定形式、无可仿效的天才抒发，那么，以杜甫、颜真卿等人为代表的“盛唐”，则恰恰是对新的艺术规范、美学标准的确定和建立，其特征是讲求形式，要求形式与内容的严格结合和统一，以树立可供学习和仿效的格式和范本。如果说，前者更突出反映新兴世俗地主知识分子的“破旧”“冲决形式”，那么，后者突出的则是他们的“立新”“建立形式”。“江山代有才人出，各领风骚数百年”，杜诗、颜字，加上韩愈的文章，却不止领了数百年的风骚，它们几乎为千年的后期封建社会奠定了标准，树立了楷模，形成为正统。他们对后代社会和艺术的密切关系和影响，比前者（李白、张旭）远为巨大。杜诗、颜字、韩文是影响深远，至今犹然的艺术规范。这如同魏晋时期曹植的诗，二王的字以及由汉赋变来的骈文，成为前期封建社会的楷模典范，作为正统，一直影响到晚唐北宋一样。曹、王、骈体、人物画与杜诗、颜字、古文、山水画是中国封建社会在文艺领域内的两种显然有异的审美风尚、艺术趣味和正统规范。

苏轼认为杜诗颜字韩文是“集大成者”。又说，“故诗至于杜子美，文至于韩退之，书至于颜鲁公，画至于吴道子，而古今之变天下之能事毕矣”。(《东坡题跋》）这数人中，以韩时代为晚，与盛唐在时间上几乎不大沾边（如按高棅的划法，也仍可属盛唐），但具体的历史充满各种偶然，包括个人才能的偶然，从来不可能像理论逻辑那样整齐。盛唐已有韩文的先行者，只是不够出色罢了，这就足以证明韩文作为一种时代要求将必然出现。所以，如果抛开个性不论[1]，就历史总体和精神实质看，韩文不但可以，而且应该与杜诗、颜字并列，看作是体现了同一种时代精神和美的理想。至于吴画，真迹不传，从“吴带当风”的著名概括，和《送子天王图》之类的传世摹本以及东坡称吴画“出新意于法度之中，寄妙理于豪放之外”看，理法革新具体表现为线条超越，可能是影响后世甚大的基本要素。像体现这个特色的元代永乐宫壁画和《八十七神仙卷》，都是以极为回旋曲折驰骋飞扬的墨线，表达出异常流畅庄严的行走动态和承贯连接生机旺盛的气势。它们突出的正是一种规范化了的音乐性的美（不同于盛唐书法的未经规范），一直影响整个后代绘画艺术——特别是山水花鸟的笔墨趣味千年之久。然而吴道子的原

1　韩本人的个性反映了中唐特点，与杜甫、颜真卿不同，见下章。

作毕竟是看不见了，只好存而不论。于是，只剩下杜诗颜字和韩文了。“曾闻碧海掣鲸鱼，神力苍茫运太虚。间气古今三鼎足，杜诗韩笔与颜书。”（马宗霍《书林藻鉴》引王文治论书绝句）

那么，这些产生于盛（唐）中（唐）之交的封建后期的艺术典范又有些什么共同特征呢？

它们一个共同特征是，把盛唐那种雄豪壮伟的气势情绪纳入规范，即严格地收纳凝练在一定形式、规格、律令中。从而，不再是可能而不可习、可至而不可学的天才美，而成为人人可学而至、可习而能的人工美了。但又保留了前者那磅礴的气概和情势，只是加上了一种形式上的严密约束和严格规范。这也就是后人所说的“少陵诗法如孙吴，李白诗法如李广”（严羽：《沧浪诗话》）。“李、杜二家，其才本无优劣，但工部体裁明密，有法可寻；青莲兴会标举，非学可至。”（胡应麟：《诗薮》）“文字之规矩绳墨，自唐宋而下所谓抑扬开阖起伏呼照之法，晋汉以上绝无所闻，而韩、柳、欧、苏诸大家设之，……故自上古之文至此而别为一界。”（罗万藻：《此观堂集·代人作韩临之制艺序》）等等。李广用兵如神，却无兵法；孙、吴则是有兵法可遵循的。李白、张旭等人属于无法可循的一类，杜诗、韩文、颜字属于有法可依的一类。后者提供了后世人们长久学习、遵循、模拟、仿效的美的范本。

从而，美的整个风貌就大不一样了。那种神龙见首不见尾的不可捉摸，那种超群轶伦、高华雅逸的贵族气派，让位于更为平易近人、更为通俗易懂、更为工整规矩的世俗风度。它确乎更大众化，更易普遍接受，更受广泛欢迎。人人都可以在他们所开创建立的规矩方圆之中去寻求美、开拓美和创造美。拿颜字说吧，颜以楷书最为标准，它“稳实而利民用”（包世臣：《艺舟双楫·历下笔谈》），本就吸取了当时民间抄写书法，日后终于成为宋代印刷体的张本，它与盛唐狂草当然很不一样，对照传统之崇二王，“颜公变法出新意”（苏轼），更是另一种风度境界了。左右基本对称，出之以正面形象，浑厚刚健，方正庄严，齐整大度，“元气浑然，不复以姿媚为念”（阮元）的颜书，不更胜过字形微侧、左肩倾斜、灵巧潇洒、优雅柔媚、婀娜多姿的二王书以及它的初唐摹本吗？正是在这种新的审美标准和观念下，“羲之俗书逞姿媚”（韩愈），“逸少草有女郎材，无丈夫气，不足贵也”（张怀瓘），“一洗二王恶札体，照耀皇宋万古”（米芾）[1]，“欧虞褚陆，真奴书耳”，等等说法、观点便不断涌现。范文澜说得好：“宋人之师颜真卿，如同初唐人之师王羲之。杜甫诗‘书贵瘦硬方通神’，这是颜书行世之前的旧标准；苏轼诗‘杜陵评书贵瘦硬，此论未公吾不凭’，这是颜书风行之后的新标准。”[2] 这里不正是两种审美趣味和艺术标准吗？像颜的《颜氏家庙碑》，刚中含柔，方中有圆，直中有曲，确乎达到美的某种极致，却仍通俗易学，人人都可模仿练习。韩文的情况也类似：“文从字顺”，对比从六朝到五代作为文坛正统的骈体四六，其口语的通俗性可学性极为突出。所谓“文起八代之衰”、“韩子之文如长江大河”，其真实含义也在这里。韩文终于成为宋代以来散文的最大先驱。“唐自贞观以后，文士皆沿六朝之体，经开元天宝诗格大变，而文格犹袭旧规，元结与（独孤）及始奋起湔除，萧颖士、李华左右之，其后韩柳继起，唐之古文遂蔚然极盛。”（《四库全书总目·毗陵集》）这也说明以韩愈为代表的古文是与六朝“旧规”相对立的一种新的文体规范。杜诗就更不用说了。早如人们所指出，李白是“放浪纵恣，摆去拘束”，而杜甫则“铺陈终始，排比

---

1 米虽讥评颜，仍是颜书的学习者和继承者。

2 范文澜：《中国通史简编》第三编第二册，第 749 页，人民出版社，1965 年。

声韵”（元稹），“独唐杜工部如周公制作，后世莫能拟议”（敖器之语，引自朱东润《中国文学批评史大纲》），“学诗当以子美为师，有规矩，故可学”（《后山诗话》）。“盛唐句法浑涵，如两汉之诗，不可以一字求；至老杜而后，句中有奇字为眼，才有此句法。”“参其格调，实与盛唐大别，其能会萃前人在此，滥觞后世亦在此。”（胡应麟：《诗薮》）这些都从各种角度说明了杜诗作为规范、楷模的地位。从此之后，学杜几乎成为诗人们必经之途。炼字锻句，刻意求工，在每一句每一字上反复推敲，下足功夫，以寻觅和创造美的意境。“二句三年得，一吟双泪流”，“一联如称意，万事总忘忧”。这些，当然就是李白等人所不知道也不愿知道的了。直到今天，由杜甫应用、表现得最为得心应手、最为成功的七律形式，不仍然是人们所最爱运用、最常运用的诗体么？就在七言八句五十六字这种似乎颇为有限的音韵、对仗等严整规范中，人人不都可以创作出变化无穷、花样不尽的新词丽句么？“近体之难，莫难于七言律。五十六字之中，意若贯珠，言如合璧。其贯珠也，如夜光走盘，而不失回旋曲折之妙。其合璧也，如玉匣有盖，而绝无参差扭捏之痕。綦组锦绣相鲜以为色，宫商角徵互合以成声，思欲深厚有余而不可失之晦，情欲缠绵不迫而不可失之流……。庄严则清庙明堂，沉着则万钧九鼎，高华则朗月繁星，雄大则泰山乔岳，圆畅则流水行云，变幻则凄风急雨。一篇之中，必数者兼备，乃称全美。故名流哲士，自古难之。”（胡震亨：《唐音癸签》）这当然有点说得太玄太高了。但七律这种形式所以为人们所爱用，也正在于它有规范而又自由，重法度却仍灵活，严整的对仗增加了审美因素，确定的句形却包含多种风格的发展变化。杜甫把这种形式运用得熟练自如，十全十美。他的那许多著名七律和其他体裁的诗句一直成为后人倾倒、仿效、学习的范本：

风急天高猿啸哀，渚清沙白鸟飞回。无边落木萧萧下，不尽长江滚滚来。万里悲秋常作客，百年多病独登台。艰难苦恨繁霜鬓，潦倒新停浊酒杯。

岁暮阴阳催短景，天涯霜雪霁寒宵。五更鼓角声悲壮，三峡星河影动摇。野哭几家闻战鼓，夷歌数处起渔樵。卧龙跃马终黄土，人世音书漫寂寥。

沉郁顿挫，深刻悲壮，磅礴气势却严格规范在工整的音律对仗之中。它们与我们前面引的李白诗，不确是两种风度、两种意境、两种格调、两种形式么？从审美性质说，如前所指出，前者是没有规范的天才美，自然美，不事雕琢；后者是严格规范的人工美，世间美，字斟句酌。但是要注意的是，这种规范斟酌并不是齐梁时代那种四声八韵外形式的追求。纯形式的苛求是六朝门阀士族的文艺末流。这里则是与内容紧密联系在一起的规范。这种形式的规范要求恰好是思想、政治要求的艺术表现，它基本是在继六朝隋唐佛道相对优势之后，儒家又将重占上风再定一尊的预告。杜、颜、韩都是儒家思想的崇奉者或提倡者。杜甫的“致君尧舜上，再使风俗淳”忠君爱国的伦理政治观点，韩愈的“博爱之谓仁，行而宜之之谓义，由是而之焉之谓道”（《原道》）的半哲理的儒家信念，颜真卿的“忠义之节，明若日月而坚若金石”（《六一题跋》）的卓越人格，都表明这些艺术巨匠们所创建树立的美学规范是兼内容和形式两方面在内的。跟魏晋六朝以来与神仙佛学观念关系密切，并常以之作为哲理基础的前期封建艺术不同，以杜、颜、韩为开路先锋的后期封建艺术是以儒家学说为其哲理基础的。尽管这种学说不断逐渐失去其实际支配力量（见下章），但终封建后世，它总是与上述美学规范缠在一起，作为这种规范的道义伦理要求而出现。这也是为什么后代文人总强调要用儒家的忠君爱国之类的伦常道德来品赏、评论、解释杜、颜、韩的缘故。

一个很有意思的情况是，杜、颜、韩的真正流行和奉为正宗，其地位之确立不移，并不在唐，而是在宋。有唐一代直至五代，骈体始终占据统治地位，其中也不乏名家如陆宣公的奏议、李商隐的四六等等，韩、柳散文并不流行。同样，当时杜诗声名也不及元、白，甚至恐不如温、李。韩、杜都是在北宋经欧阳修（尊韩）、王安石（奉杜）等人的极力鼓吹下，才突出起来。颜书虽中唐已受重视，但其独一无二地位之巩固确定，也仍在宋代苏、黄、米、蔡四大书派学颜之后。这一切似乎如此巧合，却非纯为偶然。它从美学这一角度清晰地反映了当时社会基础和上层建筑的变化。新兴的士大夫们由初（唐）入盛（唐）而崛起，经中（唐）到晚（唐）而巩固，到北宋，则在经济、政治、法律、文化各方面取得了全面统治。杜诗颜字韩文取得统治地位的时日，正好是与这一行程相吻合一致的。如开头所说，世俗地主（即庶族、非身份性地主，相对于僧侣地主和门阀地主）阶级比六朝门阀士族，具有远为广泛的社会基础和众多人数。它不是少数几个世袭的门第阀阅之家，而是四面八方散在各个地区的大小地主。他们欢迎和接受这种更为通俗性的规范的美，是完全可以理解的。虽然这一切并不一定是那么有意识和自觉，然而，历史的必然经常总是通过个体的非自觉的活动来展现。文化史并不例外。

新兴的这些文艺巨匠（以杜、韩、颜为代表）为后世立下了美的规范，正如比他们时间略先的那一批巨匠（以李白为代表）为后世突破了传统一样。这两派人共同具有那种元气淋漓的力量和势概，“盛唐诸公之诗，如颜鲁公书，既笔力雄壮，又气象浑厚”(《沧浪诗话》)。所以，它们既大体同产于盛唐之时，而被共同视为“盛唐之音”，就理所自然。虽然依我看来，真正的盛唐之音只是前者，而非后者。因此，如果都要说盛唐，那就应该是两种“盛唐”，它们是两种不同的“有意味的形式”，各自保有、积淀着不同的社会时代内容，从而各有风貌特征，各有审美价值，各有社会意义。仔细分辨它们，揭出它们各自的美学本质，说清历来纠缠不清混淆未别的问题，无论对欣赏、品评和理解这些艺术，都应该说是有意义的。

八

韵外之致

一　中唐文艺

如前面两章所陆续点出，中唐是中国封建社会由前期到后期的转折。它以两税法的国家财政改革为法律标志，世俗地主日益取代门阀士族，逐渐占据主要地位。这一社会变化由赵宋政权确定了下来。“太祖勒石，锁置殿中，使嗣君即位，入而跪读，其戒有三：一保全柴氏子孙，二不杀士大夫，三不加农田之赋。……终宋之世，文臣无欧刀之辟。”（王夫之《宋论》）皇帝不再如六朝时代那样，只是彼此对抗争夺的少数门阀贵族的意志代表，而成为全国各个阶层的政权中心，代表着整个地主阶级的利益。不再是萧衍时代“我自应天从人，何予天下士大夫事”，改朝换代、谁当皇帝对社会甚至士大夫们没有太大关系；而是“天下兴亡，匹夫有责”，不但国家、“天下”，而且皇室一姓的兴衰，甚至名位尊号，都看得十分严重；从宋濮议之争到明移宫之案，士大夫们可以为皇家的纯粹内部事务坚持争论得不亦乐乎。有人做过统计，唐代宰相绝大部分仍出自门阀士族；宋代则恰好相反，“白衣卿相”突出增多。唐代风习仍以炫耀门户、标榜阀阅为荣（潦倒如杜甫，仍夸乃祖阀阅；开明如唐太宗，亦究士人门户）；宋代则不大突出了。有宋一代整个地主士大夫知识分子的境况有了很大的提高，文臣学士、墨客骚人取得了前所未有的优越地位。宋代文官多，官俸高，大臣傲，赏赐重，重文轻武，提倡文化。自宫廷（皇帝本人）到市井，整个时代风尚社会氛围与前期封建制度大有变化。

这一切，首先是从中唐开其始端的。

安史之乱后，唐代社会并未走下坡，就在藩镇割据、兵祸未断的情况下，由于前述新的生产关系的扩展改进、生产力在进一步发展，整个社会经济仍然处在繁荣昌盛的阶段。刘晏理财使江南富庶直抵关中，杨炎改税使国库收入大有增益。中唐社会的上层风尚因之日趋奢华、安闲和享乐。“长安风俗，自贞元（德宗年号）侈于游宴，其后或侈于书法图画，或侈于博奕，或侈于卜祝，或侈于服食。”“京城贵游尚牡丹三十余年矣，每春暮车马若狂，以不耽玩为耻。”（李肇：《国史补》）浅斟低唱、车马宴游日益取代了兵车弓刀的边塞生涯，连衣服时尚也来了个变化。“外人不见见应笑，天宝末年时世妆。”（白居易）宽袖长袍代替了天宝时的窄袖紧身……所有这些与众多知识分子通由考试进入或造成一个新的社会上层有关。“唐代科举之盛，肇于高宗之时，成于玄宗之代，而极于德宗之世。”[1]“自大中皇帝（唐宣宗）好儒术，特重科第，故进士自此尤盛，旷古无俦。仆马豪华，宴游崇侈。”（孙棨：《北里志》）这时，与高、玄之间即初盛唐时那种冲破传统的反叛氛围和开拓者们的高傲骨气大不一样，这些人数日多的书生进士带着他们所擅长的华美文词、聪敏机对，已日益沉浸在繁华都市的声色歌乐、舞文弄墨之中。这里已没有边塞军功的向往，而只有仆马词章的较量；这里已没有“大道

1 陈寅恪：《元白诗笺证稿》第 2 页，上海古籍出版社，1978 年。

如青天，我独不得出”的纵声怒吼，而只有“至于贞元末，风流恣绮靡”（杜牧）的华丽舒适。然而，也正是在这一时期，出现了文坛艺苑的百花齐放。它不像盛唐之音那么雄豪刚健，光芒耀眼，却更为五颜六色，多彩多姿。各种风格、思想、情感、流派竞显神通，齐头并进。所以，真正展开文艺的灿烂图景，普遍达到诗、书、画各艺术部门高度成就的，并不是盛唐，而毋宁是中晚唐。

就诗说，这里有大历十才子，有韦应物、有柳宗元，有韩愈，有李贺，有白居易、元稹，有贾岛、卢仝，紧接着有晚唐的李商隐、杜牧，有温庭筠、许浑。中国诗的个性特征到这时才充分发展起来。从汉魏古诗直到盛唐，除少数人家外，艺术个性并不十分明显。经常可以看出时代之分（例如“建安风骨”“正始之音”“玄言”“山水”），而较难见到个性之别（建安七子、二陆三张均大同小异）。盛唐有诗派（高岑、王孟），但个性仍不够突出。直到中唐而后，个性真正成熟地表露出来（正如绘画的个性直到明清才充分表露一样）。不再是大同小异，而是风格繁多，个性突出。正因为这样，也才可能构成中唐之后异常丰富而多样的文艺图景：

> 大历贞元中，则有韦苏州之雅淡，刘随州之闲旷，钱、郎之清赡，皇甫之冲秀，秦公绪之山林，李从一之台阁，此中唐之再盛也。下暨元和之际，则有柳愚溪之超然复古、韩昌黎之博大其词，张（籍）、王（建）乐府，得其故实，元、白序事，务在代明。与夫李贺、卢仝之鬼怪，孟郊、贾岛之饥寒，此晚唐之变也，降而开成以后，则有杜牧之之豪纵，温飞卿之绮靡，李义山之隐僻，许用晦之偶对。（高棅：《唐诗品汇·总序》，按：高所谓“晚唐之变”

实属中唐）

至于大历之际，钱、郎远师沈、宋，而苗、崔、卢、耿、吉、李诸家，亦皆本伯玉而祖黄初，诗道于是为极盛。韩、柳起于元和之间……元、白近于轻俗，王、张过于浮丽。（宋濂：《答章秀才论诗书》）

元和而后，诗道浸晚，而人才故自横绝一时。若昌黎之鸿伟，柳州之精工，梦得之雄奇，乐天之浩博，皆大家材具也。……东野之古，浪仙之律，长吉乐府，玉川歌行，其才具工力，故皆过人。……俊爽若牧之，藻绮若庭筠，精深若义山，整密若丁卯，皆晚唐铮铮者。（胡应麟：《诗薮》）

百花齐放，名家辈出；诗坛之盛，确乎空前。散文也是如此。韩愈、柳宗元固然是后代景仰不已的“宗师”，然而当时更为知名和流行的，却是元、白。与他们的通俗性的诗歌一样，白居易、元稹的散文也曾万口传诵。这与兴起于盛唐、大盛于中唐的古文运动，当然是联系在一起的[1]。但更有意思的是，与古文运动并行不悖，传统的骈体四六这时同样大放异彩，更为美丽（如李商隐等人），足见当日文坛也是百花齐放各有风度的。

书法也是如此。这里既是颜真卿的成熟期，又有柳公权的楷体，李阳冰的篆书……都各有特征，影响久远。

画亦然。宗教画迅速解体，人物、牛马、花鸟、山水正是在中唐时期取得自己的独立地位而迅速发展，出现了许多卓有成就的专门作品和

---

1 参看陈寅恪：《元白诗笺证稿》。

艺术家。从韩幹到韩滉，从张萱到周昉，都说明盛（唐）中（唐）之交的这种重大转折。像游春、烹茶、凭栏、横笛、揽镜、吹箫之类的绘画题材，像《簪花仕女图卷》刻意描绘的那些丰硕盛装、彩色柔丽、轻纱薄罗、露肩裸臂的青年贵族妇女，那么富贵、悠闲、安乐、奢侈，形象地再现了中唐社会上层的审美风尚和艺术趣味。如本书《佛陀世容》所指出，现实世间生活以自己多样化的真实，展现在、反映在文艺的面貌中，构成这个时代的艺术风神。

总起来说，除先秦外，中唐上与魏晋、下与明末是中国古代思想领域中三个比较开放和自由的时期，这三个时期又各有特点。以世袭门阀贵族为基础，魏晋带着更多的哲理思辨色彩，理论创造和思想解放突出。明中叶主要是以市民文学和浪漫主义思潮，标志着接近资本主义的近代意识的出现。从中唐到北宋则是世俗地主在整个文化思想领域内的多样化地全面开拓和成熟，为后期封建社会打下巩固基础的时期。仅从艺术形式上说，如七律的成熟、词的出现、散文文体的扩展、楷体书法的普及，等等。如果没有中唐的百花齐放的巩固成果和灿烂收获，恐怕就连这些形式也难以保存和流传下来。正是它们保存和展出了诗文书画中各种丰富多彩的“有意味的形式”，即积淀了特定社会历史内容的艺术形式。人们常常只讲盛唐，或把盛唐拖延到中唐，其实从文艺发展史看，更为重要的倒是承前启后的中唐。

就美学风格说，它们也确乎与盛唐不同。这里没有李白、张旭那种天马行空式的飞逸飘动，甚至也缺乏杜甫、颜真卿那种忠挚刚健的骨力气势，他们不乏潇洒风流，却总开始染上了一层薄薄的孤冷、伤感和忧郁，这是初盛唐所没有的。韦应物的“世事茫茫难自料，春愁黯黯独成眠”，柳宗元的“惊风乱飐芙蓉水，密雨斜侵薜荔墙”，刘禹锡的“巴山楚水凄凉地，二十三年弃置身”，白居易的《长恨歌》《琵琶行》，以及卢纶、钱起、贾岛……与盛唐比，完全是两种风貌、韵味。比较起来，他们当然更接近杜甫。不仅在思想内容上，而且也在美学理想上，如规范的讲求，意义的重视，格律的严肃，等等。杜甫在盛唐后期开创和树立起来的新的审美观念，即在特定形式和严格规范中去寻找、创造、表达美这一基本要求，经由中唐而承继、巩固和发展开来了。

二　内在矛盾

也正是从中唐起，一个深刻的矛盾在酝酿。

如上篇所说，杜甫、颜真卿、韩愈这些为后期传统文艺定规立法的巨匠们，其审美理想中渗透了儒家的思想。他们要求在比较通俗和具有规范的形式里，表达出富有现实内容的社会理想和政治伦理主张。这种以儒家思想作艺术基础的美学观念不只是韩、杜等人，而是一种时代阶级的共同倾向。所以，尽管风格、趣味大不相同，却贯穿着这同一的思潮脉络。与韩愈对立的元、白，同样主张“文章合为时而著，歌诗合为事而作”（白居易《与元九书》）。对元、白不满，风流潇洒，“十年一觉扬州梦”的杜牧，也同样力赞楚骚“言及君臣理乱，时有以激发人意”（《李长吉歌诗叙》）。他们与封建前期门阀士族对文艺的主张、观念和理论是有差别的。锺嵘《诗品》讲的是“若乃春风春鸟、秋月秋蝉、夏云暑雨、冬月祁寒，斯四候之感诸诗者也，嘉会寄诗以亲，离群托诗以怨”。《文心雕龙》讲的是，“文之为德也大矣，与天地并生”；“写天地之辉光，晓生民之耳目”，都着重文艺作为对客观事物（包括自然和人事）感发触动的产品。韩愈“文起八代之衰”，白居易要回到“诗的六义”，一个说“晋宋以还，得者盖寡”（白），一个说“非三代两汉之书不敢观”（韩），都恰恰是要批判和取代自魏晋六朝到初盛唐的上述意识形态和文艺观点，以回到两汉的儒家经学时代去，把文艺与伦理政治的明确要求紧紧捆绑在一起。白居易把这一点说得再清楚不过了：“总而言之，为君、为臣、为民、为物、为事而作，不为文而作也。”“其辞质而径，欲见之者易谕也。其言直而切，欲闻之者深诫也。其事核而实，使采之者传信也。其体顺而肆，可以播于乐章歌曲也。”（《新乐府序》）这确乎是异常明确了，然而却又是多么狭隘啊！文艺竟然被规定为伦理政治的直接的实用工具，艺术自身的审美规律和形式规律被抛弃在一边，这对文艺的发展当然没有好处，迟早要走向它的反面。白居易的那些讽喻诗中有很大一部分作品写得不算成功，在当时和后代传诵得最为广远的，仍然是他的《长恨歌》之类。

并且，就在这批“文以载道”“诗以采风”的倡导者们自己身上，便已经潜藏和酝酿着一种深刻的矛盾。作为世俗地主阶级知识分子，这些卫道者们提倡儒学，企望“天工圣明”，皇权巩固，同时自己也做官得志，“兼济天下”。但是事实上，现实总不是那么理想，生活经常是事与愿违。皇帝并不那么英明，仕途也并不那么顺利，天下也并不那么太平。他们所热心追求的理想和信念，他们所生活和奔走的前途，不过是官场、利禄、宦海浮沉、上下倾轧。所以，就在他们强调“文以载道”的同时，便自觉不自觉地形成和走向与此恰好相反的另一种倾向，即所谓“独善其身”，退出或躲避这种种争夺倾轧。结果就成了既关心政治、热中仕途而又不感兴趣或不得不退出和躲避这样一种矛盾双重性。“当君白首同归日，是我青山独往时”，这是白居易对“甘露之变”的沉痛的自慰：幸而没有遭到血的清洗。而他们的地位毕竟不是封建前期的门阀士族，不必像阮籍嵇康那样不由自主地必须卷入政治漩涡（见本书《魏晋风度》），他们可以抽身逃避。所以，白居易在作了讽喻诗之后，便作起“穷通谅在天，忧喜亦由己，是故达道人，去彼而取此”，“素垣夹朱门，主人安在哉，……何如小园主，拄杖闲即来，……以此聊自足，不羡大楼台”的“闲适诗”了。这里不再是使权贵侧目的“为君为民而作”，而是“形神安且逸”，“知足常乐”了。所以，不难理解，同一个韩愈，与进攻性、煽动性、通俗性的韩文相并行的，倒恰好是孤僻的、冷峭的、艰涩的韩诗，尽管“以文为诗”，但韩诗与韩文在美学风貌上是相反的。也不难理解，柳宗元诗文中那种愤激与超脱的结合，韦应物的闲适与萧瑟的关联……。他们诗文的美，经常是这两个方面的复杂的统一体。这与李白杜甫便大不相同了。像柳宗元著名的《永州八记》中的作品：

从小丘西行百二十步，隔篁竹闻水声如鸣珮环，心乐之。伐竹取道，下见小潭，水尤清冽。全石以为底，近岸，卷石底以出，为坻，为屿，为嵁，为岩。青树翠蔓，蒙络摇缀，参差披拂。潭中鱼可百许头，皆若空游无所依，日光下澈，影布石上，佁然不动，俶尔远逝，往来翕忽，似与游者相乐。潭西南而望，斗折蛇行，明灭可见，其岸势犬牙参互，不可知其源。坐潭上，四面竹树环合，寂寥无人，凄神寒骨，悄怆幽邃。以其境过清，不可久居，乃记之而去。

峭洁清远，遗世独立，绝非盛唐之音，而是标准的中唐产物。我在前面已讲到儒道互补（参看本书《先秦理性精神》），中国古代知识分子本来就有所谓“兼济”与“独善”的相互补充，然而这互补的充分展开，使这种矛盾具有一种时代、阶级的特定深刻意义，却是在中唐以来的后期封建社会。

朱熹批评韩愈“只是要作文章，令人观赏而已”。苏轼也说，“韩愈之于圣人之道，盖亦知好其名矣，而未能乐其实”。韩愈高喊周孔道统，一本正经地强调仁义道德，但他自己的生活、爱好却并不如此。贪名位，好资财，耽声色，佞权贵，完全是另外一套。这使当时和后世各种真诚的卫道者们（从王安石到王船山）颇为不满。其实，它倒是真实地表现了从中唐开始大批涌现的世俗地主知识分子们（以进士集团为代表）很善于“生活”。他们虽然标榜儒家教义，实际却沉浸在自己的各种生活爱好之中：或享乐，或消闲；或沉溺于声色，或放纵于田园；更多的是相互交织配合在一起。随着这个阶级日益在各方面占据社会统治地位，中唐的这种矛盾性格逐渐分化，经过晚唐、五代到北宋，前一方面——打着孔孟旗号，口口声声文艺为封建政治服务这一方面，就发展为宋代理学和理学家的文艺观。后一方面——对现实世俗的沉浸和感叹倒日益成为文艺的真正主题和对象。如果说，在魏晋，文艺和哲学是相辅而行交融合作的；那么，唐宋而后，除禅宗外，二者则是彼此背离，分道扬镳。但是，并非宋明理学而是诗文和宋元词曲，把中国的艺术趣味带进了一个新的阶段和新的境界。

这里指的是韩愈、李贺的诗，柳宗元的山水小记；然而更指的是李商隐、杜牧、温庭筠、韦庄的诗词。它不是《秦妇吟》（韦）或《韩碑》《咏史》（李、杜），而是“人人尽说江南好，游人只合江南老，春水碧于天，画船听雨眠”“相见时难别亦难，东风无力百花残。春蚕到死丝方尽，蜡炬成灰泪始干”“银烛秋光冷画屏，轻罗小扇扑流萤。天阶夜色凉如水，卧看牵牛织女星”这些千古传诵的新词丽句。这里的审美趣味和艺术主题已完全不同于盛唐，而是沿着中唐这一条线，走进更为细腻的官能感受和情感彩色的捕捉追求中。爱情诗、山水画成了最为人们心爱的主题和吟咏描绘的体裁。这些知识分子尽管仍然大做煌煌政论，仍然满怀壮志要治国平天下，但他们审美上的真正兴趣实际已完全脱离这些了。拿这些共同体现了晚唐五代时尚的作品与李白杜甫比，与盛唐的边塞诗比，这一点便十分清楚，时代精神已不在马上，而在闺房；不在世间，而在心境。所以，从这一时期，最为成功的艺术部门和艺术品是山水画、爱情诗、宋词和宋瓷。而不是那些爱发议论的宋诗，不是鲜艳俗丽的唐三彩。这时，不但教人膜拜的宗教画已经衰落，甚至峨冠高髻的人物画也退居次要，心灵的安适享受占据首位。不是对人世的征服进取，而是从人世的逃遁退避；不是人物或人格，更不是人的活动、事业，而是人的心情意绪成了艺术和美学的主题。如果再做一次比较，战国秦汉的艺术，表现的是人对世界的铺陈和征服；魏晋六朝的艺术突出的是人的风神和思辨；盛唐是人的意气和功业；那么，这里呈现的则是人的心境和意绪。与大而化之的唐诗相对应的是纤细柔媚的花间体和北宋词。晚唐李商隐、温庭筠的诗正是过渡的开始。胡应麟说，“盛唐句如海日生残夜，江春入旧年；中唐句如风兼残雪起，河带断冰流；晚唐句如鸡声茅店月，人迹板桥霜，皆形容景物，妙绝千古，而盛、中、晚界限斩然。故知文章关气运，非人力”。（《诗薮》）区别到底何在呢？实际上乃是：盛唐以其对事功的向往而有广阔的眼界和博大的气势；中唐是退缩和萧瑟，晚唐则以其对日常生活的兴致，而向词过渡。这并非神秘的“气运”，而正是社会时代的变异发展所使然。

在词里面，中、晚唐以来的这种时代心理终于找到了它的最合适的归宿。内容决定形式。“花落子规啼，绿窗残梦迷”；“夜夜梦魂休漫语，已知前事无寻处”；“风不定，人初静，明日落红应满径”……这种种与“诗境”截然不同的“词境”的创造，正是这一时期典型的审美音调。所谓“词境”，也就是通过长短不齐的句型，更为具体、更为细致、更为集中地刻画抒写出某种心情意绪。诗常一句一意或一境。整首含义阔大，形象众多；词则常一首（或一阕）才一意或一境，形象细腻，含意微妙，它经常是通过对一般的、日常的、普通的自然景象（不是盛唐那种气象万千的景色事物）的白描来表现，从而也就使所描绘的对象、事物、情节更为具体、细致、新巧，并涂有更浓厚更细腻的主观感情色调，不同于较为笼统、浑厚、宽大的“诗境”。这也就是一些人所说的，词“其感人也尤捷，无有远近幽深，风之使来，是故比兴之义，升降之故，视诗较著。”（谭献：《复堂词话》）“诗有赋比兴，词则比兴多于赋。”（沈祥龙：《论词随笔》）人们各种细致复杂的心境意绪也只有通过景物各种微妙细致的比兴，才能客观化地传达出来，词在这方面比诗确乎更为突出：

梦后楼台高锁，酒醒帘幕低垂；去年春恨却来时，落花人独立，微雨燕双飞。……（晏几道）

伫倚危楼风细细，望极春愁，黯黯生天际；草色烟光残照里，无言谁会凭栏意。　　拟把疏狂图一醉，对酒当歌，强乐还无味，衣带渐宽终不悔，为伊消得人憔悴。（柳永）

漠漠轻寒上小楼，晓阴无赖似穷秋，淡烟流水画屏幽。　　自在飞花轻似梦，无边丝雨细如愁，宝帘闲挂小银钩。（秦观）

这是诗中所没有也不能看到的另一种境界，花轻似梦，雨细如愁，尽管境小而狭，却巧而新，与日常生活也更亲切接近。即使像“诗境”所常表达的家国愁、征夫恨，这时也以另一种更易动情的细腻形式表现出来：

> 珍珠帘卷玉楼空，天淡银河垂地；年年今夜，月华如练，长是人千里。　愁肠已断无由醉，酒未到，先成泪；残灯明灭枕头倚，谙尽孤眠滋味；都来此事，眉间心上，无计相回避。（范仲淹）
>
> 绿树听鹈鴂，更那堪鹧鸪声住，杜鹃声切，啼到春归无觅处，苦恨芳菲都歇！算未抵人间离别。……（辛弃疾）

“词境”确乎尖新细窄，不及“诗境”阔大浑厚，然而这却有如人的心情意绪与人的行动事功的差别一样，各有其所长和特点。为什么多少年来，好些青年男女更喜爱词、接近词，不正是因为这种形式和作品更亲切、更细腻地表现、描写了人们的各种（又特别是爱情）的心情意绪么？

那么词的时代内容的特征又是什么呢？李商隐诗曰，“向晚意不适，驱车登古原。夕阳无限好，只是近黄昏。”日落黄昏，云霞灿烂，五彩缤纷，眩人心目，但已无旭日东升时的蓬勃朝气，也不是日中天时候的耀眼光芒了，它正好与“向晚意不适”的心情相适应。以此来比拟五代、北宋词倒是最合适不过的。不是么？“浮生长恨欢娱少，肯爱千金轻一笑？为君持酒劝斜阳，且向花间留晚照！”“翠叶藏莺，朱帘隔燕，炉香静逐游丝转；一场愁梦酒醒时，斜阳却照深深院。”……既是那么幽闲静美，又总那么百无聊赖、淡淡哀愁，追求那样一种“汲汲顾景唯恐不及”似的欢乐，这不正是黄昏日落时的闲暇、欢乐和哀愁么？不正是“凄凉日暮，无可如何”，尽管优闲，仍然伤感么？

与从中唐经晚唐到北宋的这种艺术发展相吻合，在美学理论上突出来的就是对艺术风格、韵味的追求。所以，不是白居易的诗论，而恰好是司空图的《诗品》，倒成为后期封建社会真正优秀的艺术作品所体现的美学观。它在《沧浪诗话》中获得更为完整的理论形态。如果说，封建前期的美学代表作如锺嵘《诗品》和刘勰《文心雕龙》，主要是讲文艺创作的一些基本特征，如“凡斯种种，感荡心灵，非陈诗何以展其义，非长歌何以骋其情”；“神用象通，情变所孕，物以貌求，心以理应”，那么，封建后期的美学代表作，如司空图《诗品》和严羽《沧浪诗话》则进了一步，它更讲究艺术作品必须达到某种审美风貌和意境（如“寥寥长风”，“蓬蓬远春”，“落花无言，人淡如菊”）。后者比前者在强调文艺的特征和创作规律上深入了一层。前者只讲到“神与物游”，后者却要求“思与境谐”；前者是人格理想的树立，后者是人生态度的追求。不只是要注意文艺创作的心理特征，而且要求创造特定的各种艺术境界。文艺中韵味、意境、情趣的讲究，成了美学的中心。不再是前期文笔之分、体裁之别，而是理趣之分、神韵之别成为关键。司空图说，“近而不浮，远而不尽，然后可以言韵外之致耳”。他再三提出，“味外之旨”“象外之象”“景外之景”“味在酸咸之外”“可望而不可置于眉睫之前”，都是要求文艺去捕捉、表达和创造出那种种可意会而不可言传，难以形容却动人心魂的情感、意趣、心绪和韵味。这当然更不是模拟、复写、认识所能做到，它进一步突出了发展了中国美学传统中的抒情、表现的民族特征。《沧浪诗话》完全承接了这一美学趣味，极力反对“以才学为诗”“以议论为诗”“以文字为诗”，强调追求“兴趣”“气象”，强调“一味妙悟”，实际是更深入地接触到艺术创作的美学根本规律，如形象思维等问题。如果说，锺嵘《诗品》和《文心雕龙》还是与文艺理论混合在一起的美学，那么，司空图《诗品》和《沧浪诗话》，就是更为纯粹更为标准的美学了。如果说，就文学理论的全面分析研究说，《文心》胜过《沧浪》；那么，就审美特征的把握说，后者却超过前者。《沧浪诗话》是可与《乐记》（宗法社会的美学）、《文心雕龙》（封建前期美学）等并列的中国美学专著。

关于《沧浪诗话》，素来有所争论。例如它到底是崇李、杜呢？还是崇王、孟？便是一个未解决的问题。应该说，严羽的审美水平和感受能力是相当高明的。所以屈、陶、李、杜这些中国诗史中的冠冕，当然为他所极口称赞和推崇，认为这些作品是不可比拟的："汉魏尚矣，不假悟也。"严羽要求以汉魏盛唐为师，所以应该说，他主观上是更推崇提倡李、杜的。但是，上述的晚唐北宋以来的历史潮流和时代风会，却使他实际上更着重去讲求韵味，更重视艺术作品中的空灵、含蓄、平淡、自然的美。这些，也就使他在客观上更倾向和吻合于王、孟。正如司空图二十四品中虽首列"雄浑"，其客观趋向却更倾心于"冲淡""含蓄"之类一样。这都是上述那个矛盾趋向的发展和展现，是当时整个时代的文艺思潮的反映。司空图与严羽相隔已数百年，居然有如一脉相传，若合符契，其中的历史必然消息，不是很清楚吗？作品中的山水画、宋词，画论中把"逸品"置于"神品"之上[1]，大捧陶潜，理论上的讲神、趣、韵、味代替道、气、理、法，无不体现出这一点。就拿虽为陶匠所烧、却供士大夫所用的瓷器说，宋代讲究的是细洁净润、色调单纯、趣味高雅，它上与唐之鲜艳，下与明清之俗丽，都迥然不同。所有这些，体现出一个规律性的共同趋向，即追求韵味；而且彼此呼应协调，相互补充配合，成为一代美学风神。

---

1 宋初黄休复《益州名画录》强调逸品居神、妙、能三品之上，并日渐成为定论。

三　苏轼的意义

苏轼正好是这一文艺思潮和美学趋向的典型代表。他作为诗、文、书、画无所不能、异常聪明敏锐的文艺全才，是中国后期封建社会文人们最亲切喜爱的对象。其实，苏的文艺成就本身并不算太高，比起屈、陶、李、杜，要逊色一筹。画的真迹不可复见，就其他说，则字不如诗文，诗文不如词，词的数量也并不算多。然而他在中国文艺史上却有巨大影响，是美学史中重要人物，道理在哪里呢？我认为，他的典型意义正在于，他是上述地主士大夫矛盾心情最早的鲜明人格化身。他把上述中晚唐开其端的进取与退隐的矛盾双重心理发展到一个新的质变点。

苏轼一方面是忠君爱国，学优而仕、抱负满怀、谨守儒家思想的人物，无论是他的上皇帝书、熙宁变法的温和保守立场，以及其他许多言行，都充分表现出这一点。这上与杜、白、韩，下与后代无数士大夫知识分子，均无不同，甚至有时还带着似乎难以想象的正统迂腐气（例如责备李白参加永王出兵事等等）。但要注意的是，苏东坡留给后人的主要形象并不是这一面，而恰好是他的另一面。这后一面才是苏之所以为苏的关键所在。苏一生并未退隐，也从未真正“归田”，但他通过诗文所表达出来的那种人生空漠之感，却比前人任何口头上或事实上的“退隐”“归田”“遁世”要更深刻更沉重。因为，苏轼诗文中所表达出来的这种“退隐”心绪，已不只是对政治的退避，而是一种对社会的退避；它不是对政治杀戮的恐惧哀伤，已不是“一为黄雀哀，涕下谁能禁”（阮籍），“荣华诚足贵，亦复可怜伤”（陶潜）那种具体的政治哀伤（尽管苏也有这种哀伤），而是对整个人生、世上的纷纷扰扰究竟有何目的和意义这个根本问题的怀疑、厌倦和企求解脱与舍弃。这当然比前者又要深刻一层了。前者（对政治的退避）是可能做到的，后者（对社会的退避）实际上是不可能做到的，除了出家做和尚。然而做和尚也仍要穿衣吃饭，仍有苦恼，也仍然逃不出社会。这便成了一种无法解脱而又要求解脱的对整个人生的厌倦和感伤。如果可以说，在上篇中谈到《春江花月夜》之类的对人生的自我意识只是少年时代的喟叹，虽说感伤，并不觉重压；那么，这里的情况就刚好相反，尽管没多谈，却更感沉重，正是“而今识尽愁滋味，欲说还休，欲说还休，却道天凉好个秋”。然而就在强颜欢笑中，不更透出那无可如何，黄昏日暮的沉重伤感么？这种整个人生空漠之感，这种对整个存在、宇宙、人生、社会的怀疑、厌倦、无所希冀、无所寄托的深沉喟叹，尽管不是那么非常自觉，却是苏轼最早在文艺领域中把它充分透露出来的。著名的前后《赤壁赋》是直接议论这个问题的，文中那种人生感伤和强作慰藉以求超脱，都在一定程度和意义上表现了这一点。无论是“寄蜉蝣于天地，渺沧海之一粟”，“哀吾生之须臾，羡长江之无穷”的“提问”，或者是“自其变者而观之，则天地曾不能以一瞬；自其不变者而观之，则物与我皆无尽也”的“解答”；无论是“惟江上之清风与山间之明月……是造物者之无尽藏也，而吾与子之所共适”的“排遣”，或者是“道士顾笑，予亦惊悟，开户视之，不见其处”的飘渺禅意，实际都与这种人生空漠、无所寄托之感深刻地联在一起的。

苏词则更为含蓄而深沉地表现了它：“世路无穷，劳生有限，似此区区长鲜欢。微吟罢，凭征鞍无语，往事千端”；“世事一场大梦，人生几度凄凉，夜来风雨已鸣廊，看取眉头鬓上”；“惊起却回头，有恨无人省，拣尽寒枝不肯栖，寂寞沙洲冷”；“料峭春寒吹酒醒，微冷，山头斜照却相迎，回首向来萧瑟处，归去，也无风雨也无晴”；“夜饮东坡醒复醉，归来仿佛三更，家童鼻息已雷鸣；敲门都不应，倚杖听江声。常恨此身非我有，何时忘却营营。夜阑风静縠纹平，小舟从此逝，江海寄余生”……

宋人笔记中传说，苏作了上面所引的最后那首小词后，“挂冠服江边，拏舟长啸去矣。郡守徐君猷闻之惊且惧，以为州失罪人，急命驾往谒，则子瞻鼻鼾如雷，犹未兴也”(《石林避暑录话》)，正睡大觉哩，根本没去“江海寄余生”。本来，又何必那样呢？因为根本逃不掉这个人世大罗网。也许，只有在佛学禅宗中，勉强寻得一些安慰和解脱吧。正是这种对整体人生的空幻、悔悟、淡漠感，求超脱而未能，欲排遣反戏谑，使苏轼奉儒家而出入佛老，谈世事而颇作玄思；于是，行云流水，初无定质，嬉笑怒骂，皆成文章；这里没有屈原、阮籍的忧愤，没有李白、杜甫的豪诚，不似白居易的明朗，不似柳宗元的孤峭，当然更不像韩愈那样盛气凌人不可一世。苏轼在美学上追求的是一种朴质无华、平淡自然的情趣韵味，一种退避社会、厌弃世间的人生理想和生活态度，反对矫揉造作和装饰雕琢，并把这一切提到某种透彻了悟的哲理高度。无怪乎在古今诗人中，就只有陶潜最合苏轼的标准了。只有“采菊东篱下，悠然见南山”，“此中有真味，欲辨已忘言”的陶渊明，才是苏轼所愿顶礼膜拜的对象。终唐之世，陶诗并不显赫，甚至也未遭李、杜重视。直到苏轼这里，才被抬高到独一无二的地步。并从此之后，地位便巩固下来了。苏轼发现了陶诗在极平淡朴质的形象意境中，所表达出来的美，把它看作是人生的真谛，艺术的极峰。千年以来，陶诗就一直以这种苏化的面目流传着。

苏轼有一篇散文《方山子传》，其中说：

> 方山子……庵居蔬食，不与世相闻，弃车马，毁冠服，徒步往来，山中人莫识也。……然方山子世有勋阀，当得官，使从事于其间，今已显闻，而其家在洛阳，园宅壮丽，与公侯等。河北有田，岁得帛千匹，亦足以富乐，皆弃不取，独来穷山中，此岂无得而然哉。余闻光黄间多异人，往往佯狂垢污，不可得而见，方山子傥见之欤？

这也许就是苏轼的理想化了的人格标本吧。总之，不要富贵，不合流俗，在当时“太平盛世”，苏轼却憧憬这种任侠居山，弃冠服仕进的“异人”，不也如同他的诗词一样，表达着一种独特的人生态度么？

“人生到处知何似？应似飞鸿踏雪泥：泥上偶然留指爪，鸿飞那复计东西。”苏轼传达的就是这种携带某种禅意玄思的人生偶然的感喟。尽管苏轼不断地进行自我安慰，时时现出一副随遇而安的“乐观”情绪，“莫听穿林打叶声，何妨吟啸且徐行”；“鬓微霜，又何妨”……但与陶渊明、白居易等人毕竟不同，其中总深深地埋藏着某种要求彻底解脱的出世意念。无怪乎具有同样敏锐眼光的朱熹最不满意苏轼了，他宁肯赞扬王安石，也决不喜欢苏东坡。王船山也是如此。他们都感受到苏轼这一套对当时社会秩序具有潜在的破坏性。苏东坡生得太早，他没法做封建社会的否定者，但他的这种美学理想和审美趣味，却对从元画、元曲到明中叶以来的浪漫主义思潮，起了重要的先驱作用。直到《红楼梦》中的“悲凉之雾，遍布华林”，更是这一因素在新时代条件下的成果（参看本书《明清文艺思潮》）。苏轼在后期封建美学上的深远的典型意义，其实就在这里。

九

宋元山水意境

一　缘起

如果说，雕塑艺术在六朝和唐达到了它的高峰；那么，绘画艺术的高峰则在宋元。这里讲的绘画，主要指山水画。中国山水画的成就超过了其他许多艺术部类，它与相隔数千年的青铜礼器交相辉映，同为世界艺术史上罕见的美的珍宝。

山水画由来久远。早在六朝，就有一些谈论山水的画论和"峰岫峣嶷，云林森渺"（宗炳：《画山水序》）的具体描述。但究竟如何，已难知晓。如从传为顾恺之的《洛神赋图》《女史箴》等摹本中的山树背景和敦煌壁画中的情况来看，当时所谓山水，无论是形象、技法、构图，大概比当时的山水诗水平还要低。不但非常拙笨，山峦若土堆，树木如拳臂，而且主要仍是作为人事环境的背景、符号，与人物、车马、神怪因素交杂在一起的。《历代名画记》所说，"其画山水，则群峰之势，若钿饰犀栉，或水不容泛，或人大于山。率皆附以树石，映带其地，列植之状，则若伸臂布指"云云，相当符合事实。这里还谈不上作为独立审美意义的山水风景画[1]。

1　参看滕固：《唐宋绘画史》。

隋、唐有所进展，但变化似乎不大。被题为《展子虔游春图》的山水大概是伪品，并非隋作[1]。根据文献记载，直到初唐也仍然是“状石……如冰澌斧刃，绘树则刷脉镂叶，功倍愈出，不胜其色”（张彦远：《历代名画记》）。情况开始重要变化，看来是在盛唐，所谓“山水之变，始于吴，成于二李”；所谓“李思训数月之功，吴道子一日之迹”；所谓“所画掩障，夜闻水声”等等论述、传说，当有所依据。主要作为宗教画家的吴道子在山水画上有重大独创，“吴带当风”的线的艺术大概在山水领域里也开拓出一个新领域。后人说吴“有笔而无墨”。张彦远《历代名画记》说，“吴生每画，落笔便去，多琰与张藏布色”，这种重线条而不重色彩的基本倾向扩展到山水领域，对后世起了重要影响。

山水画的真正独立，似应在中唐前后。随着社会生活的重要变化和宗教意识的逐渐衰淡，人世景物从神的笼罩下慢慢解放出来，日渐获有了自己的现实性格。正如人物（张萱、周昉），牛马（韩滉、韩幹）从宗教艺术中分化出来而有了专门画家一样，山水、树石、花鸟也当作独立的审美对象而被抒写赞颂。“堂上不合生枫树，怪底江山起烟雾”（杜甫）、“张璪画松石，往往得神骨”（元稹），表明由盛唐而中唐，对自然景色、山水树石的趣味欣赏和美的观念已在走向画面的独立复制，获有了自己的性格，不再只是作为人事的背景、环境而已了。但比起人物（如仕女）、牛马来，山水景物作为艺术的主要题材和所达到的成熟水平，更晚得多。这是因为，人物、牛（农业社会的主要生产资料）马（战争、行猎、车骑工具，上层人士热爱的对象）显然在社会生活中占有更明确的地位，与人事关系更为直接，首先从宗教艺术中解脱出来的

1　参看傅熹年：《关于展子虔游春图年代的探讨》，《文物》1978 年第 11 期。

当然是它们。所以，如果说继宗教绘画之后，仕女牛马是中唐以来的主题和高峰，那么山水花鸟的成熟和高峰应属宋代。诚如宋人自己所评论："若论佛道人物，仕女牛马，则近不及古；若论山水林石、花竹禽鸟，则古不及近。"（郭若虚：《图画见闻志》）"本朝画山水之学，为古今第一。"（邵博：《闻见后录》）

审美兴味和美的理想由具体人事、仕女牛马转到自然对象、山水花鸟，当然不是一件偶然事情。它是历史行径、社会变异的间接而曲折的反映。与中唐到北宋进入后期封建制度的社会变异相适应，地主士大夫的心理状况和审美趣味也在变异。经过中晚唐的沉溺声色繁华之后，士大夫们一方面仍然延续着这种沉溺（如花间、北宋词所反映），同时又日益陶醉在另一个美的世界之中，这就是自然风景山水花鸟的世界。自然对象特别是山水风景，作为这批人数众多的世俗地主士大夫（不再只是少数门阀贵族）居住、休息、游玩、观赏的环境，处在与他们现实生活亲切依存的社会关系之中。而他们的现实生活既不再是在门阀士族压迫下要求奋发进取的初盛唐时代，也不同于谢灵运伐山开路式的六朝贵族的掠夺开发，基本是一种满足于既得利益，希望长久保持和固定，从而将整个封建农村理想化、牧歌化的生活、心情、思绪和观念。门阀士族以其世袭的阶级地位为荣，世俗地主则以官爵为荣。这两个阶级对自然、农村、下层人民的关系、态度并不完全一样。二者的所谓"隐逸"的含义和内容也不一样。六朝门阀时代的"隐逸"基本上是一种政治性的退避，宋元时代的"隐逸"则是一种社会性的退避，它们的内容和意义有广狭的不同（前者狭而后者广），从而与他们的"隐逸"生活直接相关的山水诗画的艺术趣味和审美观念也有深浅的区别（前者浅而后者深）。不同于少数门阀贵族，经由考试出身的大批士大夫常常由野而朝，由农（富农、地主）而仕，由地方而京城，由乡村而城市。这样，丘山溪壑、野店村居倒成了他们的荣华富贵、楼台亭阁的一种心理需要的补充和替换，一种情感上的回忆和追求，从而对这个阶级具有某种普遍的意义。“直以太平盛世，君亲之心两隆……然则林泉之志，烟霞之侣，梦寐在焉，耳目断绝，今得妙手郁然出之，不下堂筵，坐穷泉壑，猿声鸟啼，依约在耳，山光水色，滉漾夺目，此岂不快人意实获我心哉，此世之所以贵夫画山水之本意也。”（郭熙、郭思：《林泉高致》）除去技术因素不计外，这正是为何山水画不成熟于庄园经济盛行的六朝，却反而成熟于城市生活相当发达的宋代的缘故。这正如欧洲风景画不成熟于中世纪反而成熟于资本主义阶段一样。中国山水画不是门阀贵族的艺术，而是世俗地主的艺术。这个阶级不像门阀地主与下层人民（即画面以所谓“渔樵”为代表的农民）那样等级森严、隔绝严厉，宋元山水画所展现出来的题材、主题、思想情感比六朝以至唐代的人物画（如阎立本的帝王图，张萱、周昉仕女画等等），具有远为深厚的人民性和普遍性。但世俗地主阶级作为占有者与自然毕竟处在一种闲散、休息、消极静观的关系之中，他们最多只能是农村生活的享受者和欣赏者。这种社会阶级的特征也相当清晰地折射在中国山水画上：人与自然那种娱悦亲切和牧歌式的宁静，成为它的基本音调，即使点缀着负薪的樵夫、泛舟的渔父，也决不是什么劳动的颂歌，而仍然是一幅掩盖了人间各种痛苦和不幸的、懒洋洋、慢悠悠的封建农村的理想画。“渡口只宜寂寂，人得须是疎疎”；“野桥寂寞，遥通竹坞人家；古寺萧条，掩映松林佛塔”。萧条寂寞而不颓唐，安宁平静却非死灭，“非无舟人，止无行人”，这才是“山居之意裕如也”，才符合世俗地主士大夫的生活、理想和审美观念。

与现实生活相适应的哲学思潮，则可说是形成这种审美趣味的主观因素。禅宗从中晚唐到北宋愈益流行，宗派众多，公案精致，完全战胜了其他佛教派别。禅宗教义与中国传统的老庄哲学对自然态度有相近之处，它们都采取了一种准泛神论的亲近立场，要求自身与自然合为一体，希望从自然中吮吸灵感或了悟，来摆脱人事的羁縻，获取心灵的解放。千秋永在的自然山水高于转瞬即逝的人世豪华，顺应自然胜过人工造作，丘园泉石长久于院落笙歌……。禅宗喻诗，当时已是风会时髦；以禅说画（山水画），也决不会待明末董其昌的“画禅室”才存在。它们早就有内在联系了，它们构成了中国山水画发展成熟的思想条件。

二 “无我之境”

然而，延续千年的中国山水画又不是一成不变的。明清不论，宋元山水便经历了北宋（主要是前期）、南宋、元这样三个里程，呈现出彼此不同的三种面貌和意境。

根据当时文献，北宋山水以李成、关仝、范宽三家为主要代表：“画山水惟营丘李成、长安关仝、华原范宽，……三家鼎峙百代，标程前古。”（《图画见闻志》）三家各有特征：“夫气象萧疎，烟林清旷……营丘之制也；石体坚凝，杂木丰茂……关氏之风也！峰峦浑厚，势状雄强……范氏之作也。”（同上）今人曾概括说，“关仝的峭拔，李成的旷远和范宽的雄杰，代表了宋初山水画的三种风格”[1]。

值得注意的是，这三种不同风格主要来自对自己熟悉的自然地区环境的真实描写，以至他们的追随者们也多以地区为特色：“齐鲁之士惟摹营丘，关陕之士惟摹范宽。”李成徙居青州，虽学于关仝，能写峰峦重叠，但其特点仍在描写齐鲁的烟云平远景色，所谓“烟林平远之妙始

1　童书业：《唐宋绘画谈丛》第48页，中国古典艺术出版社，1958年。

自营丘”(《图画见闻志》),“成之为画,……缩千里于咫尺,写万趣于指下,……林木稠薄,泉流清浅,如就真景”(《圣朝名画评》)。范宽则刚好相反:“李成之笔,近视如千里之远,范宽之笔,远望不离坐外。”(同上)表现的是“山从人面起,云傍马头生”的关陕风景。范宽这种风格特点也来自他的艰苦写生:“卜居于终南太华岩隈林麓之间,而览其云烟惨淡风月阴雾难状之景……则千岩万壑,恍然如行山阴道中,虽盛暑中,凛凛然使人急欲挟纩也。”(《宣和画谱》)

据说关、范、李三家都学五代画家荆浩,荆作为北宋山水画的领路人,正是以刻苦地熟悉所描绘的自然景色为重要特征的:“太行山……因惊其异,遍而赏之。明日携笔复就写之,凡数万本,方如其真。”(传荆浩:《笔法记》)传说是荆浩继六朝谢赫关于人物画的“六法”之后,提出山水画的“六要”(气、韵、思、景、笔、墨),其核心是强调要在“形似”的基础上表达出自然对象的生命,提出了“似”与“真”的关系问题:“画者,画也,度物象而取其真。……苟似可也,图真不可及也。”“似者得其形,遗其气,真者气质俱盛。”(《笔法记》)提出了外在的形似并不等于真实,真实就要表达出内在的气质韵味,这样,“气韵生动”这一产生于六朝、本是人物画的审美标准,便推广和转移到山水画领域来了。它获得了新的内容和含义,终于成为整个中国画的美学特色:不满足于追求事物的外在模拟和形似,要尽力表达出某种内在风神,这种风神又要求建立在对自然景色,对象的真实而又概括的观察、把握和描绘的基础之上。

所以,一方面是强调“气韵”,以之作为首要的美学准则;另一方面又要求对自然景象做大量详尽的观察和对画面构图作细致严谨的安排。山如何,水如何,远看如何,近看如何,春夏秋冬如何,阴晴寒暑如何，“四时之景不同也”，“朝暮之变者不同也”，非常重视自然景色随着季节、气候、时间、地区、位置、关系的不同而有不同，要求画家精细准确地去观察、把握和描绘。但是，虽求精细准确，又仍然具有较大的灵活性。日有朝暮，并不计时辰迟早；天有阴晴，却不问光暗程度；地有江南北国山地水乡，但仍不是一山一水的写实。无论是季候、时日、地区、对象，既要求真实又要求有很大的概括性，这构成中国山水画一大特征。并且，“真山水如烟岚，四时不同。春山淡冶而如笑，夏山苍翠而如滴，秋山明净而如妆，冬山惨淡而如睡，画见其大意而不为刻画之迹”。（《林泉高致》）可见，这是一种移入情感“见其大意”式的形象想象的真实，而不是直观性的形体感觉的真实。所以，它并不造成如西画那种感知幻觉中的真实感，而有更多的想象自由，毋宁是一种想象中的幻觉感。“山水有可行者，有可望者，有可游者，有可居者……。但可行可望不如可居可游之为得。”（同上）正是在这种审美趣味的要求下，中国山水画并不采取透视法，不固定在一个视角，远看近看均可，它不重视诸如光线明暗、阴影色彩的复杂多变之类，而重视具有一定稳定性的整体境界给人的情绪感染效果。这种效果不在具体景物对象的感觉知觉的真实，不在于“可望、可行”，而在于“可游、可居”。“可游可居”当然就不应是短暂的一时、一物、一景。“看此画令人生此意，如真在此山中，此画之景外意也。”（同上）即要求通过对自然景物的描绘，表达出整个生活、人生的环境、理想、情趣和氛围。从而，它所要求的就是一种比较广阔长久的自然环境和生活境地的真实再现，而不是一时一景的“可望可行”的片刻感受。“楚塞三湘接，荆门九派通，江流天地外，山色有无中。郡色浮前浦，波澜动远空，襄阳好风日，留醉与山翁。”（王维诗）这种异常广阔的整体性的“可游、可居”的生活—

人生—自然境界，正是中国山水画去追求表现的美的理想。

这一特色完整地表现在客观地整体地描绘自然的北宋（特别是前期）山水画中，构成了宋元山水的第一种基本形象和艺术意境。画面经常或山峦重迭，树木繁复；或境地宽远，视野开阔；或铺天盖地，丰盛错综；或一望无际，邈远辽阔；或“巨嶂高壁，多多益壮”；或“溪桥渔浦，洲渚掩映”。这种基本塞满画面的、客观的、全景整体性地描绘自然，使北宋山水画富有一种深厚的意味，给予人们的审美感受宽泛、丰满而不确定。它并不表现出也并不使观赏者联想起某种特定的或比较具体的诗意、思想或情感，却仍然表现出、也使人清晰地感受到那整体自然与人生的牧歌式的亲切关系，好像真是“可游可居”在其中似的。在这好像是纯客观的自然描绘中，的确表达了一种生活的风神和人生的理想，又正因为它并不呈现更为确定、具体的“诗情画意”或观念意绪，这就使观赏审美感受中的想象、情感、理解诸因素由于未引向固定方向，而更为自由和宽泛。随着全景性整体性的画面可提供的众多的范围和对象，使人们在这种审美感受中去重新发现、抒发的余地也就更大一些。它具有更为丰富的多义性，给予人们流连观赏的时间和愉快也更持久。

这是绘画艺术中高度发展了的“无我之境”。诗、画以及小说等各类艺术中都有这种美的类型和艺术意境。所谓“无我”，不是说没有艺术家个人情感思想在其中，而是说这种情感思想没有直接外露，甚至有时艺术家在创作中也并不自觉意识到。它主要通过纯客观地描写对象（不论是人间事件还是自然景物），终于传达出作家的思想情感和主题思想。从而这种思想情感和主题思想经常也就更为宽泛、广阔、多义而丰富。陶渊明的“暧暧远人村，依依墟里烟，狗吠深巷中，鸡鸣桑树巅”；“采菊东篱下，悠然见南山。山气日夕佳，飞鸟相与还”等等便是这种优美的“无我之境”。它并没有直接表露或抒发某种情感、思想，却通过自然景物的客观描写，极为清晰地表达了作家的生活、环境、思想、情感。画的“无我之境”由于根本没有语词，就比上述陶诗还要宽泛。但其中又并非没有情感思想或观念，它们仍然鲜明地传达出对农村景物或山水自然的上述牧歌式的封建士大夫的美的理想和情感。面对它们，似乎是在想象的幻觉中面对一大片真山水。但又不是，而是面对处在小农业生产社会中为地主士大夫所理想化了的山水。五代和北宋的大量作品，无论是关仝的《大岭晴云》，范宽的《溪山行旅》《雪景寒林》，董源的《潇湘图》《龙袖骄民图》以及巨然、燕文贵、许道宁等等，都如此。他们客观地整体地把握和描绘自然，表现出一种并无确定观念、含义和情感，从而具有多义性的无我之境。

在前述北宋三大家中，当时似以李成最享盛名[1]，但李成真迹早已失传，宋代即有“无李论”之说。所传荆浩、关仝的作品均尚欠成熟，燕、许等人又略逊一筹。因此，实际能作为北宋画这第一种意境主要代表的，应是董源（他在后代也比李成更为著名）和范宽两大家。一写江南平远真景，“尤工秋岚远景，多写江南真山，不为奇峭之笔”[2]，以浓厚的抒情性的优美胜（董源）。一写关陕峻岭，以具有某种戏剧性的壮美胜（范宽）。它们是显然不同的两种美的风格，这种不同并不是南北

1　“凡称山水者，必以（李）成为古今第一”（《宣和画谱》）；“李成……古今一人”（《渑池燕谈》）等等，宋代不绝书。

2　沈括：《梦溪笔谈》。然《宣和画谱》中有董画“重峦绝壁，使人观而壮之”的记载，今暂以传世作品和一般评论为准。

两宗之分，也非青绿水墨之异，而是由于客观地整体性地描绘，表现了地域性自然景色的差别[1]。今天你游江南或去关陕，所得到的自然美的欣赏、感受，也仍然是很不相同的，正如看董源或范宽的画一样。但它们尽管有着风格上的重要差异，又仍然同属于上述“无我之境”的美学范畴。

1　童书业《唐宋绘画丛谈》已指出这点。

三　细节忠实和诗意追求

随着时代的发展变化，诗、画中的美学趣味也在发展变化。从北宋前期经后期过渡到南宋，“无我之境”逐渐在向“有我之境”推移。

这种迁移变异的行程，应该说，与占画坛统治地位的院体画派的作风有重要关系。以愉悦帝王为目的，甚至皇帝也亲自参加创作的北宋宫廷画院，在享有极度闲暇和优越条件之下，把追求细节的逼真写实，发展到了顶峰。所谓“孔雀升高必先举左”以及论月季四时朝暮花蕊叶不同等故事[1]，说明在皇帝本人倡导下，这种细节真实的追求成了宫廷画院的重要审美标准。于是，柔细纤纤的工笔花鸟很自然地成了这一标准的最好体现和独步一时的艺坛冠冕。这自然也影响到山水画[2]。尽管已开始有与此相对抗的所谓文人墨戏（以苏轼为代表），但整个说来，上行下效，社会统治阶级的意识经常是统治社会的意识，从院内到院外，这种追求细节真实日益成为画坛的重要趋向和趣味。

与细节真实并行更值得重视的画院的另一审美趣味，是对诗意的极

1　见邓椿：《画继》。一般中国美术史书籍中均有引述。

2　参看滕固：《唐宋绘画史》第 7 章。

力提倡。虽然以诗情入画并非由此开始，传说王维已是“画中有诗”，但作为一种高级审美理想和艺术趣味的自觉提倡，并日益成为占据统治地位的美学标准，却要从这里算起。与上述的孔雀升高等故事同时也同样著名的，是画院用诗句作题目进行考试的种种故事。如“嫩绿枝头红一点，动人春色不须多”“蝴蝶梦中家万里”“踏花归去马蹄香”等等（参见陈善《扪虱新语》、邓椿《画继》等书）。总之，是要求画面表达诗意。中国诗素以含蓄为特征，所谓“含不尽之意见于言外”，从而山水景物画面如何能既含蓄又准确即恰到好处地达到这一点，便成了中心课题，为画师们所不断追求、揣摩。画面的诗意追求开始成了中国山水画的自觉的重要要求。“所试之题如野水无人渡，孤舟尽日横，自第二人以下，多系空舟岸侧，或拳鹭于舷间，或栖鸦于蓬背；独魁则不然，画一舟人卧于舟尾，横一孤笛，其意以为非无舟人，止无行人耳。”(《画继》) 没有行人，画面可能产生某种荒凉感，“非无舟人，只无行人”[1]，才能准确而又含蓄地表达出一幅闲散、缓慢、宁静、安逸、恰称诗题的抒情气氛和牧歌图画。又如“尝试‘竹锁桥边卖酒家’，人皆可以形容无不向酒家上着工夫，惟一善画但于桥头竹外挂一酒帘，书‘酒’字而已，便见得酒家在竹内也”（俞成：《萤雪丛说》)。这当然是一幅恰符诗意，既含蓄又优美的山水画。

宋代是以“郁郁乎文哉”著称的，它大概是中国古代历史上文化最发达的时期，上自皇帝本人、官僚巨宦，下到各级官吏和地主士绅，构成一个比唐代远为庞大也更有文化教养的阶级或阶层。绘画艺术上，细节的真实和诗意的追求是基本符合这个阶级在“太平盛世”中发展起来

1　注意不要把这种诗情画意与“有我之境”“无我之境”混同，无人并非“无我”，有人并非“有我”。又，本书所讲此二境与王国维原意也并不相同。

的审美趣味的。但这不是从现实生活中而主要是从书面诗词中去寻求诗意，这是一种虽优雅却纤细的趣味。

这种审美趣味在北宋后期即已形成，到南宋院体中到达最高水平和最佳状态[1]。创造了与北宋前期山水画很不相同的另一种类型的艺术意境。

如果看一下马远、夏珪以及南宋那许许多多的小品：深堂琴趣、柳溪归牧、寒江独钓、风雨归舟、秋江暝泊、雪江卖鱼、云关雪栈、春江帆饱，等等，这一特色便极明显。它们大都是在颇为工致精细的、极有选择的有限场景、对象、题材和布局中，传达出抒情性非常浓厚的某一特定的诗情画意来。细节真实和诗意追求正是它们的美学特色，与北宋前期那种整体而多义、丰满而不细致的情况很不一样了。这里不再是北宋那种气势雄浑邈远的客观山水，不再是那种异常繁复杂多的整体面貌；相反，更经常出现的是颇有选择取舍地从某个角度、某一局部、某些对象甚或某个对象的某一部分出发的着意经营，安排位置，苦心孤诣，在对这些远为有限的对象的细节忠实描绘里，表达出某种较为确定的诗趣、情调、思绪、感受。它不再像前一时期那样宽泛多义，不再是一般的"春山烟云连绵人欣欣，夏山嘉木繁阴人坦坦……"，而是要求得更具体和更分化了。尽管标题可以基本相同，由画面展示出来的情调诗意却并不完全一样。被称为"剩水残山"的马、夏[2]，便是典型代表。应该说，比起北宋那种意境来，题材、对象、场景、画面是小多了，一角山岩、半截树枝都成了重要内容，占据了很大画面；但刻画却精巧细致多了，自觉的抒情诗意也更为浓厚、鲜明了。像被称为"马一角"的

1　从郭熙到赵令穰到李唐，则可视为北南宋的逐渐过渡。

2　马、夏也能作巨幅或整体山水，本文是就其公认的独创而言。

马远的山水小幅里，空间感非常突出，画面大部分是空白或远水平野，只一角有一点点画，令人看来辽阔无垠而心旷神怡。谁能不在马、夏的“剩水残山”和南宋那些小品前荡漾出各种轻柔优美的愉快感受呢？南宋山水画把人们审美感受中的想象、情感、理解诸因素引向更为确定的方向，导向更为明确的意念或主题，这就是宋元山水画发展历程中的第二种艺术意境。

这是不是“有我之境”呢？是，又不是。相对于第一种意境，可以说是：艺术家的主观情感、观念在这里有更多的直接表露。但相对于下一阶段来说，它又不是：因为无论在对对象的忠实描写上，或抒发主观情感观念上，它仍然保持了比较客观的态度。诗意的追求和情感的抒发，尽管比北宋山水远为自觉和突出，但基本仍从属于对自然景色的真实再现的前提之下。所以，它处在“无我之境”到“有我之境”的过渡行程之中，是厚重的院体画而非意气的文人画。它基本仍应属“无我之境”。

宋画中这第二种艺术意境是一种重要的开拓。无论从内容到形式，都大大丰富发展了中国民族的美学传统，做出了重要贡献。诗意追求和细节真实的同时并举，使后者没有流于庸俗和呆板（“匠气”），使前者没有流于空疏和抽象（“书卷气”）。相反，从形似中求神似，由有限（画面）中出无限（诗情），与诗文发展趋势相同，日益成为整个中国艺术的基本美学准则和特色。对称走向均衡，空间更具意义，以少胜多，以虚代实，计白当黑，以一当十，日益成为艺术高度发展的形式、技巧和手法。讲究的是“虚实相生，无画处均成妙境”（笪重光：《画筌》），这与“意在言外”“此时无声胜有声”完全一致。并且，由于这种山水是选择颇有局限的自然景色的某个部分某些对象，北宋画那种地域性的不同特色便明显消退。哪里没有一角山水、半截树枝呢？哪里没有小桥流水、孤舟独钓呢？哪里没有春江秋月、风雨归舟呢？描绘的具体景物尽管小一些，普遍性反而更大了。抒发的情感观念尽管更确定一些，却更鲜明更浓烈了。它们确乎做到了“状难言之景列于目前，含不尽之意溢出画面”，创造了中国山水画另一极高成就。北宋浑厚的、整体的、全景的山水，变而为南宋精巧的、诗意的、特写的山水，前者以雄浑、辽阔、崇高胜，后者以秀丽、工致、优美胜。两美并峙，各领千秋。

四 “有我之境”

明代王世贞在总结宋元山水画时说：“山水画至大、小李一变也，荆、关、董、巨又一变也，李成、范宽又一变也，刘（松年）、李（唐）、马、夏又一变也，大痴（黄公望）、黄鹤（王蒙）又一变也。”（《艺苑卮言》）大、小李属于唐代，情况不明。荆、关、董、巨和李成、范宽实属同代，即本文所说的第一种意境的北宋山水。刘、李是连接南北宋的，他们似可与马、夏列入一类，即上述第二种意境的南宋山水。最后一变则是元四家。其实，如后世所公认，大痴、黄鹤不如倪云林更能作为元四家（元画）的主要代表，亦即宋元山水中第三种艺术意境——“有我之境”的代表。

元画与宋画有极大不同。无论从哪一方面或角度，都可以指出一大堆的差异。然而最重要的差异似应是由于社会急剧变化带来的审美趣味的变异。蒙古族进据中原和江南，严重破坏了生产力，大量汉族地主知识分子（特别是江南士人）也蒙受极大的屈辱和压迫，其中一部分人或被迫或自愿放弃“学优则仕”的传统道路，把时间、精力和情感思想寄托在文学艺术上。山水画也成为这种寄托的领域之一。院体画随着赵宋王朝的覆灭而衰落、消失，山水画的领导权和审美趣味由宋代的宫廷画院，终于在社会条件的变异下，落到元代的在野士大夫知识分子——亦即文人手中了。“文人画”正式确立。尽管后人总爱把它的源头追溯到苏轼、米芾等人，南宋大概也确有一些已经失传的不同于院体的文人画，但从历史整体情况和现存作品实际看，它作为一种体现时代精神的潮流出现在绘画艺术上，似仍应从元——并且是元四家算起。

所谓“文人画”，当然有其基本特征。这首先是文学趣味的异常突出。上述第二种意境可说是形似与神似、写实与诗意的融合统一，矛盾双方处在和谐状态之中。但形与神、对象（境）与主观（意）这对矛盾的继续发展，在元代这种社会氛围和文人心理的条件下，便使后者绝对压倒前者而直接表露，走到与北宋恰好相反的境地：形似与写实迅速被放在很次要的地位，极力强调的是主观的意兴心绪。中国绘画中一贯讲求的“气韵生动”的美学基本原则，到这里不再放在客观对象上，而完全是放在主观意兴上。这个本是作为表达人的精神面貌的人物画的标准，从此以后，倒反而成了表达人的主观意兴情绪的山水画的标准（而这些文人画家也大多不再画人物了）。《艺苑卮言》说，“人物以形模为先，气韵超乎其表；山水以气韵为主，形模寓乎其中”。这就不但完全忘怀了历史的来由，而且也把“形模”在山水画中的地位和意义放在非常次要以至附属的地位，与北宋初年那样讲究写真、形似，成了鲜明对比。倪云林一再说：“仆之所谓画者，不过逸笔草草，不求形似，聊以自娱耳。”“余之竹聊以为写胸中之逸气耳，岂复较其似与非。”吴镇也说：“墨戏之作，盖士大夫词翰之余，适一时之兴趣。”[1] 这样一种美学指

1 见《铁网珊瑚》，转引自陈衡恪：《文人画之价值》。

导思想，是宋画主流（无论北宋或南宋）所没有的。

与文学趣味相平行，并具体体现这一趣味构成元画特色的是，对笔墨的突出强调。这是中国绘画艺术又一次创造性的发展，元画也因此才获得了它所独有的审美成就。就是说，在文人画家看来，绘画的美不仅在于描绘自然，而且在于或更在于描画本身的线条、色彩亦即所谓笔墨本身。笔墨可以具有不依存于表现对象（景物）的相对独立的美。它不仅是种形式美、结构美，而且在这形式结构中能传达出人的种种主观精神境界、“气韵”“兴味”。这样，就把中国的线的艺术传统推上了它的最高阶段。本来，自原始陶器纹饰、青铜礼器和金文（大篆）小篆以来，线始终是中国造型艺术的主要审美因素。在人物画中有所谓“铁线描”“莼菜描”“曹衣出水”“吴带当风”……都是说的线条的美。中国独有的书法艺术，便是这种高度发达了的线条美（参看本书《先秦理性精神》《盛唐之音》）。正是这时，书法与绘画密切结合起来。从元画开始，强调笔墨，重视书法趣味，成为一大特色。这不能如某些论著简单斥之为形式主义，恰好相反，它表现了一种净化了的审美趣味和美的理想。线条自身的流动转折，墨色自身的浓淡、位置，它们所传达出来的情感、力量、意兴、气势、时空感[1]，构成了重要的美的境界。这本身也正是一种净化了的“有意味的形式”。任何逼真的摄影所以不能替代绘画，其实正在于后者有笔墨本身的审美意义在。它是自然界所不具有，而是经由人们长期提炼、概括、创造出来的美。元代名画家名书家赵孟頫说：“石如飞白木如籀，写竹还应八法通。若也有人能会此，须知书画本来同。”（《郁逢庆书画题跋记》）画师、书家兼诗人，一身三任焉，自

1　参看宗白华：《中国诗画中所表现的空间感》，《新中华》第10卷第10期。

兹成为对中国山水画的一种基本要求和理想。

与此相辅而行，从元画大兴的另一中国画的独有现象，是画上题字作诗，以诗文来直接配合画面，相互补充和结合。这是唐、宋和外国都少有和不可能有的。唐人题款常藏于石隙树根处（与外国同），宋人开始了写字题诗，但一般不使之过分侵占画面，影响对画面——自然风景的欣赏。元人则大不同，画面上的题诗写字有时多达百字十数行，占据了很大画面，有意识地使它成为整个构图的重要组成部分。这一方面是使书、画两者以同样的线条美来彼此配合呼应，更重要的一面，是通过文字所明确表述的含义，来加重画面的文学趣味和诗情画意。因之“元人工书，虽侵画位，弥觉其隽雅”（钱杜《松壶画忆》）。这种用书法文字和朱红印章来配合补充画面，成了中国艺术的独特传统。它们或平衡布局，或弥补散漫，或增加气氛，或强化变换，不大的红色印章在一片水墨中更增添了沉着、鲜明和力量。所有这些都极为深刻而灵活地加强了绘画艺术的审美因素。

与此同时，水墨画也就从此压倒青绿山水，居于画坛统治地位。虽然早有人说：“草本敷荣，不待丹绿之采；云雪飘扬，不待铅粉而白；山不待空青而翠，凤不待五色而粹。是故运墨而五色俱，谓之得意。”（《历代名画记》）但真正实现这一理想的，毕竟是讲求笔墨趣味的元画。正因为通过线的飞沉涩放，墨的枯湿浓淡，点的稠稀纵横，皴的披麻斧劈，就足以描绘对象，托出气氛，表述心意，传达兴味观念，从而也就不需要也不必去如何真实于自然景物本身的色彩的涂绘和线形的勾勒了。吴镇引陈与义诗说，“意足不求颜色似，前身相马九方皋”。九方皋相马正是求其神态而“不辨玄黄牝牡”的形象细节的。

既然重点已不在客观对象（无论是整体或细部）的忠实再现，而在精炼深永的笔墨意趣，画面也就不必去追求自然景物的多样（北宋）或精巧（南宋），而只在如何通过或借助某些自然景物、形象以笔墨趣味来传达出艺术家主观的心绪观念就够了。因之，元画使人的审美感受中的想象、情感、理解诸因素，便不再是宋画那种导向，而是更为明确的“表现”了。画面景物可以非常平凡简单，但意兴情趣却很浓厚。“宋人写树，千曲百折，……至元时大痴仲奎（吴镇）一变为简率，愈简愈佳。”（钱杜：《松壶画忆》）“层峦迭翠如歌行长篇，远山疏麓如五七言绝，愈简愈入深永。”（沈颢：《画麈》）“山水之胜，得之目，寓诸心，而形于笔墨之间者，无非兴而已矣。”（沈周：《书画汇考》）“远山一起一伏则有势，疏林或高或下则有情。”（董其昌：《画禅室随笔》）自然对象山水景物完全成了发挥主观情绪意兴的手段。在这方面，倪云林当然要算典型。你看，他总是几棵小树、一个茅亭、远抹平坡、半枝风竹，这里没有人物，没有动态，然而在这些极其普遍常见的简单景色中，通过精练的笔墨，却传达出闲适无奈、淡淡哀愁和一种地老天荒式的寂寞和沉默。在这种“有意无意，若淡若疏”极为简练的笔墨趣味中，构成一种思想情感的美。“元人幽亭秀木，自在化工之外，一种灵气。惟其品若天际冥鸿，故出笔便如哀弦急管，声情并集，非大地欢乐场中可得而拟议者也。”（恽寿平：《南田论画》）“至平、至淡、至无意，而实有所不能不尽者。”（恽向：《宝迂斋书画录》）所谓“不能不尽者”，所谓“一种灵气”，当然不是指客体自然景物，而是指主观的心绪情感和观念。如上所述，自然景物不过是通过笔墨借以表达这种“不能不尽”的主观心意“灵气”罢了[1]。

1　当时绘画以纸代绢，则是笔墨趣味迅速发展的工具上的条件和原因。

这当然是标准的"有我之境"。早在宋代，欧阳修便说过，"萧条淡泊，此难画之意……故飞走迟速，意浅之物易见，而闲和严静，趣远之心难形"。王安石也说，"欲寄荒寒无善画"。所谓"萧条淡泊""闲和严静，趣远之心"以及"欲寄荒寒"等等，都主要是指心境和意绪。自然界或山水本身并无所谓"萧条淡泊""闲和严静"，因之要通过自然山水来传达出这种种主观心境意绪，本是一件非常困难的事情，这一困难终于由元画创造性地解决了。它开拓了宋元山水画中的第三种意境，与上述北宋、南宋三分鼎足，各擅胜场。

这里当然也就无所谓整体性还是细节性，地域性还是普遍性，繁复还是精细等等问题。元四家中如黄公望、王蒙，或以长轴山水（如《富春山居图》），或以山岩重迭（如《青卞隐居图》）著称，比起倪云林，他们所描绘的自然是更为辽阔或浓密的，但其美学特征和艺术意境却与倪云林一样，同样是追求笔墨、讲究意趣的元画，同样是所谓萧疏淡雅，同样是"有我之境"。

这种"有我之境"发展到明清，便形成一股浪漫主义的巨大洪流。在倪云林等元人那里，形似基本还存在，对自然景物的描绘基本仍是忠实再现的，所谓"岂复较其似与不似"，乃属夸张之词。到明清的石涛，朱耷以至扬州八怪，形似便被进一步抛弃，主观的意兴心绪压倒了一切，并且艺术家的个性特征也空前地突出了。这种个性，元画只有萌芽，宋人基本没有，要到明清和近代才有了充分的分化和发展。

从美学理论看，情况与艺术实践的历史行程大体一致。宋代绘画强调的是"师造化""理""法"和"传神"，讲究画面的位置经营。"有条则不紊"，"有绪则不杂"，"因性之自然，究物之微妙"。(《山水纯全集》)

元代强调的则是“法心源”“趣”“兴”和“写意”。“画者当以意写之”，“高人胜士寄兴写意者，慎不可以形似求之”（汤垕：《画鉴》）。宋元画的这种区别，前人也早已这样概括指出：“东坡有诗曰，‘论画以形似，见与儿童邻，作诗必此诗，定是非诗人’。余曰，此元画也。晁以道诗云，‘画写物外形，要物形不改；诗传画外意，贵有画中态’，余曰此宋画也。”（董其昌：《画旨》）宋画是“先观其气象，后尽其去就，次根其意，终求其理”（《圣朝名画评》）。元画则是“先观天真，次观笔意，相对忘笔墨之迹，方为得趣”（《画鉴》）。从作品到理论，它们的区别差异都是很明白的。这些区别正是美学上“无我之境”和“有我之境”的种种表现。

在讲雕塑时，我曾分出三种类型的美（参看《佛陀世容》）。上章讲词时，也指出诗境、词境之别，其实还应加上“曲境”。如所指出，诗境深厚宽大，词境精工细巧，但二者仍均重含而不露，神余言外，使人一唱三叹，玩味无穷。曲境则不然，它以酣畅明达，直率痛快为能事，诗多“无我之境”，词多“有我之境”，曲则大都是非常突出的“有我之境”。它们约略相当于山水画的这三种境界（当然这只在某种极为限定的意义上来说）。“夜阑更秉烛，相对如梦寐”是诗，“今宵剩把银釭照，犹恐相逢在梦中”是词。“小楼一夜听春雨，深巷明朝卖杏花”是诗，“杏花疏影里，吹笛到天明”是词，“觉来红日上窗纱，听街头卖杏花”是曲。“寒鸦千万点，流水绕孤村”是诗（但此诗已带词意），“斜阳外，寒鸦数点，流水绕孤村”是词，“枯藤老树昏鸦，小桥流水人家，古道西风瘦马”是曲。尽管构思、形象、主题十分接近或相似，但艺术意境却仍然不同，它们是各不相同的“有意味的形式”。诗境厚重，词境尖新，曲境畅达，各有其美，不可替代。雕塑的三类型、诗词曲的三境界、山水画的三意境，确有某种近似而相通的普遍规律在[1]。当然，所有这些区分都只是相对的、大体的，不可当作公式，刻板以求。并不是任何作品或作家都一定能纳入某一类之中，有的可以是过渡，有的可以是二者的综合或恰好介乎二类之间，如此等等。世界是复杂的，理论上的种种区划、分析，是为了帮助而不是去束缚对艺术品的观赏和研究。

如同雕塑、文学一样，宋元山水三种意境中也均各有其优秀和拙劣、成功和失败的作品，各人也可随自己的兴趣、倾向而有偏爱偏好。

---

1 在欧洲，斯泰因夫人、席勒、罗斯金等人提出的古典的与浪漫的、朴素诗与感伤诗等等，也与此相接近，可能这是一种艺术发展的普遍规律。

十

明清文艺思潮

一　市民文艺

纵观前面，如可说汉代文艺反映了事功、行动，魏晋风度、北朝雕塑表现了精神、思辨，唐诗宋词、宋元山水展示了襟怀、意绪，那么，以小说戏曲为代表的明清文艺所描绘的却是世俗人情。这是又一个广阔的对象世界，但已不是汉代艺术中的自然征服，不是那古代蛮勇力量的凯旋，而完全是近代市井的生活散文，是一幅幅平淡无奇却五花八门、多彩多姿的社会风习图画。

从《清明上河图》，便可以看出宋代城市的繁盛。以汴京为中心，以原五代十国京都为基础的地方城市，在当时已构成了一个相当发达的国内商业、交通网。商人地主、市民阶级已在逐渐形成。虽然经元代的逆转，但到明中叶，这一资本主义的因素（或萌芽）却更形确定。表现在意识形态各领域，尤为明显。唐代寺院的"俗讲"，演变和普及为宋代民间的"平话"。而从嘉靖到乾隆，则无论在哲学、文学、艺术以及社会政治思想上，都是波澜起伏、流派众多，一环接一环地在发展、变迁或萎缩。其中的规律颇值深探。这是一个异常复杂困难而极有兴味的问题，本书暂只能因陋就简、挂一漏万地描述一点表面现象。

哲学是时代的灵魂。反映时代这一重大的内在脉搏，从讲究事功的陈亮、叶适到提出“工商皆本”的黄梨洲和反对“以理杀人”的戴震，其中包括从李贽到唐甄许多进步的思想家，这是一股作为儒学异端出现，具有近代解放因素的民主思想。另一条线则是从张载到罗钦顺到王夫之、颜元，这是以儒学正宗面目出现，具有更多哲理思辨性质的进步学派。这两条线有某种差异甚至矛盾，但客观上却不谋而合地或毁坏、或批判封建统治传统，它们在明清之际共同构成了巨大启蒙思潮。后者（可以王夫之为代表）大抵以地主阶级反对派为背景，具有某种总结历史的深刻意味；前者（可以李贽为代表）则更鲜明地具有市民—资本主义的性质（它在经济领域是否存在尚可研究，但在意识形态似很明显），它的破坏封建旧制度的作用和力量也更为巨大。在文艺领域里，前者也具有更为直接更为重要的影响。它们与当时的文学艺术是在同一块土壤基础上开出的花朵。

文艺毕竟走在前头，开时代风气之先。在宋代平话，就已有所谓“烟粉”“灵怪”“传奇”“公案”以及“讲史”等等类别，说明这种以广大市民为对象的近代说唱文学已拥有广阔的题材园地。它与六朝志怪或唐人小说已经很少相同了。它不是以单纯的猎奇或文笔的华丽来供少数贵族们思辨或阅读，而是以描述生活的真实来供广大听众消闲取悦。尽管从文词的文学水平和成就看，似乎并无可取，然而，其实际的艺术效果却相当可观，应该说已经超过了以前任何贵族文艺。例如，宋平话就已经是：

说国贼怀奸从佞，遣愚夫等辈生嗔；说忠臣负屈衔冤，铁心肠也须下泪。讲鬼怪，令羽士心寒胆战；论闺怨，遣佳人绿惨红愁。

说人头厮挺，令羽士快心，言两阵对圆，使雄夫壮志。(《新编醉翁谈录卷之一》)

这种世俗文学的审美效果显然与传统的诗词歌赋，有了性质上重大差异，艺术形式的美感逊色于生活内容的欣赏，高雅的趣味让路于世俗的真实。这条文艺河谷发展到明中叶，便由涓涓细流汇为江湖河海，由口头的说唱发展为正式的书面语言。以《喻世明言》《警世通言》《醒世恒言》和初二刻《拍案惊奇》为代表，标志着这种市民文学所达到的繁荣顶点，具有了自己的面貌、性格和特征，对近代影响甚巨。它们的选本《今古奇观》便流传三百余年而历久不衰。正如这个选本的序言所说，这些作品确乎是“极摹人情世态之歧，备写悲欢离合之致”，把当时由商业繁荣所带给封建秩序的侵蚀中的社会做了多方面的广泛描绘。多种多样的人物、故事、情节都被揭示展览出来，尽管它们像汉代浮雕似的那样薄而浅，然而它所呈现给人们的，却已不是粗线条勾勒的神人同一、叫人膜拜的古典世界，而是有现实人情味的世俗日常生活了。对人情世俗的津津玩味，对荣华富贵的钦羡渴望，对性的解放的企望欲求，对“公案”、神怪的广泛兴趣……尽管这里充满了小市民种种庸俗、低级，浅薄无聊，尽管这远不及上层文人士大夫艺术趣味那么高级、纯粹和优雅，但它们倒是有生命活力的新生意识，是对长期封建王国和儒学正统的侵袭破坏。它们有如《十日谈》之类的作品出现于欧洲文艺复兴时代一样。

其中一个流行而突出的题材或主题，是普通男女之间的性爱。这种题材在唐诗和以前文艺中并无重要地位，在宋词中则主要是作为与勾栏妓女有关的咏叹（例如柳永的某些作品），但已开始表现出某种平等而真挚的男女情爱，特别是青年女性对爱情的热情、留恋、执着和忠诚，得到了肯定性的抒写描画，反映出妇女不只是作为贵族们的玩物，而有了人的地位。随着商业经济空前发达和城市生活的高度繁荣，自然生理的性爱题材日益取得社会性的意义和内容，自愿的、平等的、互爱的男女情热，具有冲破重重封建礼俗去争取自由的价值和意义。或者是一见倾心而生死不渝，或者是历经曲折终成眷属，或者是始乱终弃结局悲惨，或者是肉欲横流追求淫荡，从《卖油郎独占花魁》《杜十娘怒沉百宝箱》到《乔太守乱点鸳鸯谱》《玉堂春落难寻夫》到《任君用恣乐深闺》……形形色色，五光十彩。其中，有对献身纯真爱情的歌颂赞扬，有对封建婚姻的讽刺嘲笑，有对负心男子的鞭挞谴责，也有对色情荒淫的欣赏玩味……总之，这里的思想、意念、人物、形象、题材、主题，已大不同于封建文艺和文人士大夫的传统。它既来源于说唱文学，满足的对象是一般“市井小民”，也就使它成为世俗生活的风习画廊。在这个画廊中，男女性爱并非唯一主题，所展开的是世俗生活的多方面，这里有公正的义士、善良的武生，有贪婪残暴的县丞、奸邪阴险的权贵……由于社会开始孕育着从封建母胎里的解怀、个人的际遇、遭逢、前途和命运逐渐失去独一无二的原有模式，各色人物都在为自己奋斗，或经商致富，或投考中举，或白首穷经竟一无所获，或巧遇良机而顿致富贵。一方面是追求，另一方面是机遇，封建秩序的削弱、阶级关系的变迁使现实社会中个人道路的多样化趋势在萌芽，使现实生活的偶然性与必然性的关系更为丰富而复杂。虽然还谈不上个性解放，但在这些世俗小说中已可窥见对个人命运的关注。从思想意识说，这里有对邪恶的唾骂和对美德的赞扬，同时也有对宿命的宣扬和对因果报应、逆来顺受的渲染。总之某种近代现实性世俗性与腐朽庸俗的传统落后意识渗透、交错与混合，是这种初兴市民文学的一个基本特征。这里没有远大的思想、深刻的内容，也没有真正抱负雄伟的主角和突出的个性、激昂的热情。它们是一些平淡无奇然而却比较真实和丰富的世俗的或幻想的故事。

由于它们由说唱演化而来，为了满足听众的要求，重视情节的曲折和细节的丰富，成为这一文学在艺术上的重要发展。具有曲折的情节吸引力量，和具有如临其境如见其人的细节真实性，构成说唱者及其作品成败的关键。从而如何构思、选择、安排情节，使之具有戏剧性，在人意中又出人意外；如何概括地模拟描写事物，听来逼真而又不嫌烦琐；不是去追求人物性格的典型性而是追求情节的合理、述说的逼真，不是去刻画事物而是去重视故事，在人情世态、悲欢离合的场合境遇中，显出故事的合理和真实来引人入胜，便成为目标所在。也正是这些奠定了中国小说的民族风格和艺术特点。

与宋明话本、拟话本并行发展的是戏曲。元代少数民族入主中原造成了经济、文化的倒退，却也创造了文人士大夫阶层与民间文学结合的环境。它的成果就是反映生活、内容丰满的著名的元代杂剧。关汉卿、王实甫、白朴、马致远四大家成为一代文学正宗，《窦娥冤》《西厢记》《墙头马上》等等成为至今流传的传统剧目。到明中叶以后，传奇的大量涌现，把戏曲推上一个新的阶段。除了文学上的意义外，更重要的是，它已发展和定型为一种由说唱、表演、音乐、舞蹈相结合的综合艺术，创造了中国民族特色的戏曲形式的艺术美。直到昆曲和京剧，在所谓唱、念、做、打中，把这种美推到了炉火纯青无与伦比的典范高度。像昆曲，以风流潇洒、多情善感的小生、小旦为主角，以精工细作的姿态唱腔来刻画心理、情意，配以优美文词，相当突出地表现了一代风神。

这是一种经过高度提炼的美的精华。千锤百炼的唱腔设计，一举手一投足的舞蹈化的程式动作，雕塑性的亮相、象征性、示意性的环境布置，异常简洁明了的情节交代，高度选择的戏剧冲突（经常是能激起巨大心理反响的伦理冲突），使内容和形式交融无间，而特别突出了积淀了内容要求的形式美。这已不是简单的均衡对称、变化统一的外在形式美，而是与内容、意义交织在一起。如京剧的吐字，就不光是一个外在形式美问题，而且要求与内容含义的表达有所交融（所谓“声情”与“词情”等等）。但其中，外在形式美又仍然占有极重要的地位。中国戏曲尽管以再现的文学剧本为内容，却通过音乐、舞蹈、唱腔、表演，把作为中国文艺的灵魂的抒情特性和线的艺术，发展到又一个空前绝后、独一无二的综合境界。它实际上并不以文学内容而是以艺术形式取胜，也就是说以美取胜。

能不对昆曲、京剧中那种种优美的唱段唱腔心醉动怀？能不对那袅袅轻烟般的出场入场、连行程也化为S形——荷加斯（Hogarth）的最美线条的优雅动作姿态叹为观止？高度提炼、概括而又丰富具体，已经程式化而又仍有一定个性，它不是一般形式美，而正是“有意味的形式”。尽管进入上层和宫廷之后，趣味日见纤细，但它的基础仍是广泛的“市井小民”，它仍属于市民文艺的一部分。

把这种市民文艺展现为单纯视觉艺术的，是明中叶以来沛然兴起的木刻版画。它们正是作为上述戏曲、小说的插图而成商品广泛流传，市场销路极好。它也是到明末达到顶峰。像著名的画家陈洪绶和徽刻便是重要代表。中国木刻有如中国戏曲一样，重视选择具有戏剧性的情节，不受时空限制，在一幅不大的图版上，表现不同空间和不同时间的整个过程，但交代清楚，并不使观者糊涂，仍然显示了中国艺术的理性精神。它与小说戏曲一样，并不去逼真地创造感觉的真实，而更多诉之于理解、想象的真实。它从不拘束于“三一律”之类的时空框套，而直接服从于整体生活和理性的逻辑。

“版画构图特点之一，即在于画面不受任何视点所束缚，也不受时间在画面上的限制。……《火烧翠云楼》描写了大名府从东门到西门，以及西门到南门；画出了时迁在翠云楼英勇的放火，也画出了留守司前，以及大街小巷，执戈动刀，满布梁山好汉的奋勇战斗。王太守被刘唐、杨雄两条水火棍打得脑浆迸流，敌将李成又如何拥着梁中书在走投无路，等等情节，有条不紊地处处交代明白，使人一目了然。在刻画上，既不是千军万马，也不是密屋填巷，就由于在构图上能创造性地组织了不受空间局限的画面，才能收到既简洁而又丰富的表现效果。

……

明代版画的辉煌，戏曲小说的插画所放射出来的光彩是史无前例的。内容丰富，形式多样，版画家们那种大胆想象力，那种大胆揭露社会的矛盾以及对人世悲苦的关怀，都是极其有意义的。”[1]

足见，木刻从题材、内容、表现形式到审美意识，与戏曲小说完全一脉相联，具有相同或相通的艺术特征和审美趣味。

这样，小说、戏曲、版画，相当全面地构成了明代中叶以来的文艺的真正基础。以此为基础，与思想解放相一致，在上层士大夫文艺里，则出现与正统古典主义（“文必秦汉，诗必盛唐”的前后七子）相对抗的浪漫主义文艺洪流，这股时代之流也遍及了各个方面。

---

1 王伯敏：《中国版画史》第77—78页、83页，上海人民美术出版社，1961年。

二　浪漫洪流

明代中叶以来，社会酝酿着的重大变化，反射在传统文艺领域内，表现为一种合规律性的反抗思潮。如果说，前述小说、木刻等市民文艺表现的是日常世俗的现实主义；那么，在传统文艺这里，则主要表现为反抗伪古典主义的浪漫主义。下层的现实主义与上层的浪漫主义彼此渗透，相辅相成。

李贽是这一浪漫思潮的中心人物。作为王阳明哲学的杰出继承人，他自觉地、创造性地发展了王学。他不服孔孟，宣讲童心，大倡异端，揭发道学。由于符合了时代要求，故而轰动一时，“士翕然争拜门墙”，“南都士靡然向之”，“由之大江南北及燕蓟人士无不倾动”(《乾隆泉州府志·明文苑李贽传》)。尽管他的著作被一焚再毁，悬为禁书，但他的声名和影响在当时仍极为巨大。

李贽提倡讲真心话，反对一切虚伪、矫饰、主张言私言利。“夫私者，人之心也”(《藏书·德业儒臣后论》)，“虽圣人不能无势利之心”(《道古录》卷上)。他高度赞扬《西厢记》《水浒传》，把这些作品与正统文学经典相提并论，认为文学随时势而世化，“诗何必古选，文何必先秦，降而为六朝，变而为近体，又变而为传奇，变而为院本，为杂剧，为《西厢》曲，为《水浒》传，为今之举子业，皆古今至文，不可得而时势先后论也。故吾因是而有感于童心者之自文也，更说什么六经，更说什么《语》《孟》乎”(《焚书·童心说》)。他以此为准则，撇开当时盛行的伪古典摹习之风，评点、赞扬了流传在市井之间的各种小说戏曲。李贽评点的剧本，据统计约有十五种之多，著名的小说评点也有数种。所有这一切都恰恰是针对正统思想的虚伪而言，他说：“种种日用，皆为自己身家计虑，无一厘为人谋者，及乎开口谈学，便说尔为自己，我为他人，尔为自私，我欲利他……翻思此时，反不如市井小夫，身履是事，口便说是事，作生意者但说生意，力田作者但说力田，凿凿有味，真有德之言，令人听之忘厌倦矣。”(《焚书·答耿司寇》)正是这种反道学反虚伪的思想基础，使他重视民间文艺，重视这种有真实性的人情世俗的现实文学，并把这种文学提到理论的高度予以肯定。这个高度也就是“童心”。“夫童心者，真心也。……夫童心者，绝假纯真，最初一念之本心也。”(《童心说》)这样，以“童心”—“真心”作为创作基础和方法，也就为本来建筑在现实世俗生活写实基础上的市民文艺，转化为建筑在个性心灵解放基础上的浪漫文艺铺平了道路。“童心说”和李贽本人正是由下层市民文艺到上层浪漫文艺的重要的中介。李贽以“童心”为标准，反对一切传统的观念束缚，甚至包括无上权威的孔子在内。“夫天生一人，自有一人之用，不待给于孔子而后足也。若必待取足于孔子而后足，则千古之前无孔子，终不得为人乎?”(《答耿中丞》)每人均自有其价值，自有其可贵的真实，不必依据圣人，更不应装模作样假道学，文艺之可贵就在于各人表达这种自己的真实，而不在其他。不在“代圣人立言”，不在摹拟前人，等等。这种以心灵觉醒为基础，真实的提倡以自己的“本心”为主，摒斥一切外在教条、道德做作，应该说是相当标准的个性解放思想。这对当时文艺无疑有发聩振聋的启蒙作用，李贽是这个领域解放之风的吹起者。并非偶然，当时文艺各领域中的主要的革新家和先进者，如袁中郎（文学）、汤显祖（戏曲）、冯梦龙（小说）等等，都恰好是李贽的朋友、学生或倾慕者，都直接或间接与他有关。

先生（袁中郎）既见龙湖，始知一切掇拾陈言，株守俗见，死于古人语下，一段精光不得披露，至是浩浩焉如鸿毛之遇顺风，巨鱼之纵大壑。……能转古人，不为古转，发为语言，一一从胸襟流出……（《珂雪斋集·吏部验封司郎中中郎先生行状》）

有李百泉先生者，见其《焚书》，畸人也。肯为求其书，寄我骀荡否？（汤显祖：《玉茗堂集·尺牍》）

（冯犹龙）酷嗜李氏之学，奉为蓍蔡。（许自昌：《樗斋漫录》）

如此等等。

并且这些人物之间，相互倾倒、赞赏、推引、交往，如袁中郎之于徐渭，汤显祖之于三袁，徐渭之于汤显祖……都有意识地推动了这股浪漫思潮。可以先从公安派说起。

“公安派”的三袁兄弟的思想理论和文学实践直接受李贽影响，他们的作品描述日常，直抒胸臆，反对做作，平易近人，对抗前后七子，而开一代新风。如他们自己所说：“独抒性灵，不拘格套，非从自己胸臆流出，不肯下笔。……真人所作，故多真声，不效颦于汉魏，不学步于盛唐；任性而发，尚能通于人之喜怒哀乐嗜好情欲，是可喜也。”

(《袁中郎全集·序小修诗》)他们的创作，如传诵颇广的《满井游记》：

燕地寒，花朝节后，余寒犹厉。冻风时作，作则飞沙走砾。局促一室之内，欲出不得。每冒风驰行，未百步辄返。廿二日，天稍和，偕数友出东直，至满井，高柳夹堤，土膏微润，一望空阔，若脱笼之鹄。于是冰波始解，波色乍明，鳞浪层层，清澈见底，晶晶然如镜之初开而冷光之乍出于匣也。山峦为晴云所洗，娟然如拭，鲜艳明媚，如倩女之靧面而髻鬟之始掠也。柳条将舒未舒，柔梢披风，麦田浅鬣寸许。……

这是一幅清新白描的北京早春天气。没有故作铿锵音调，没有什么深厚象征，也没有壮阔场景，雄伟气势，然而，娓娓道来却动人意兴。它们之所以直到五四新文学运动中仍有影响，原因就在它们毕竟开始有了近代人文气息。从题材到表现，都是平平常常、普普通通的日常生活、自然风景。如果用它来比较一下也写得很好的柳宗元的山水小品(参看本书《韵外之致》)，这种近代的清新朴素、平易近人的特点便更清楚。

不仅三袁，应该说，这在当时是一股强大思潮和共同的时代倾向，它甚至可以或追溯或波及先后数十年或百年左右。例如，比三袁早数十年的唐寅、茅坤、唐顺之、归有光这样一大批完全不同的著名作家，却同样体现了这种时代动向。像唐顺之提出，“但信手写出，便是宇宙间第一等好诗……唐宋而下，文人莫不语性命，谈治道，满纸炫然，一切自托于儒家……极力装作，丑态尽露”。这与“公安派”显然合拍。像归有光的抒情散文，虽然内容和形式都是标准的正统派，然而，它们以对家庭日常细节的朴实无华的描写而打动人们，在某种意义上，甚至也可以说是开“公安派”主张的先声。例如著名的《项脊轩记》：

> 项脊轩，旧南阁子也，室仅方丈，可容一人居。百年老屋，尘泥渗漉，雨泽下注，每移案，顾视无可置者。又北向，不能得日，日过午已昏。余稍为修葺，使不上漏。前辟四窗，垣墙周庭以当南日，日影反照，室始洞然。又杂植兰桂竹木于庭，旧时栏楯，亦遂增胜。借书满架，偃仰啸歌，冥然兀坐，万籁有声。而庭阶寂寂，小鸟时来啄食，人至不去。三五之夜，明月半墙，桂影斑驳，风移影动，珊珊可爱。
>
> ……后五年，余妻来归。时至轩中，从余问古事，或凭几学书。吾妻归宁，述诸小妹语曰，闻姊家有阁子，且何谓阁子也？其后六年，吾妻死，室坏不修。其后二年，余久卧病无聊，乃使人修葺南阁子，其制稍异于前。然自后余多在外，不常居。庭有枇杷树，吾妻死之年所手植也，今已亭亭如盖矣。

透过这种细微而有选择的客观描景述事，抒情性却极为浓厚。它实际标志着正统古文也已走近末梢，一个要求在内容上、形式上和语言上更接近日常生活的散文文学在出现，这与上述市民文学、小说戏曲和“公安派”的时代倾向是相一致的。这种散文，无论是描写自然（如袁）或抒情记事（如归），确已不同于唐宋八大家，不同于永州八记或前后《赤壁赋》。它的感慨、抒写和景物明显带有更为近代的日常气息，它们与世俗生活、与日常情感是更为接近了。正统文学在这时本已不能代表文艺新声，之所以举出这两段正统散文，是为了证明整个时代心意的变异，这种变异也表现在传统文学中了。它当然也以种种不同方式呈现在各个方面。例如比李贽约早五十年的唐伯虎便也是这种变异的典型人物。他与归有光各方面都极不相同。一个是穷酸儒生，一个是风流才子；一个正经八板作正统古文，一个浪荡江湖吟花咏月。王世贞对归有光的文章相当折服，对唐伯虎的诗文却讥之为“如乞儿唱莲花落”。然而，唐寅以其风流解元的文艺全才，更明显地体现那个浪漫时代的心意，那种要求自由地表达愿望、抒发情感、描写和肯定日常世俗生活的近代呼声。其中也包括文体的革新、题材的解放。甚至使后世编造出三笑姻缘之类的唐伯虎的故事和形象。并且，这不是一两个人，而是一批人，不是一个短时期，而是迁延百余年的一种潮流和倾向。如果要讲中国文艺思潮，这些就确乎够得上是一种具有近代解放气息的浪漫主义的时代思潮。

这个思潮还应该包括像吴承恩的《西游记》、汤显祖的《牡丹亭》这样一些经典名作。《西游记》的基础也是长久流传的民间故事，在吴承恩笔下加工后，成了不朽的浪漫作品。七十二变的神通，永远战斗的勇敢，机智灵活，翻江搅海，踢天打仙，幽默开朗的孙猴子已经成为充满民族特性的独创形象，它是中国儿童文学的永恒典范，将来很可能要在世界儿童文学里散发出重要影响。此外如愚笨而善良、自私而可爱的猪八戒，也始终是人们所嘲笑而又喜欢的浪漫主义的艺术形象。《西游记》的幽默滑稽中仍然充满了智慧的美。正如今天中国人民喜爱的相声艺术，是以智慧（理解）而不是单纯以动作形体的夸张（如外国丑角）来取悦一样，中国的浪漫主义仍然不脱古典的理性色彩和传统。

《牡丹亭》与《西游记》截然不同，但精神相当一致。其作者汤显祖是李贽的敬佩者、徐渭的交往者、三袁的同路人。其作品与《西游记》共同构成明代浪漫文学的典范代表。

《牡丹亭》直接提出“情”作为创作的根本，并有意地把“情”与“理”对立了起来，他说：“第云理之所必无，安知非情之所必有邪。”（《牡丹亭记题词》）这个“情”没有局限于男女爱情，《牡丹亭》所以比《西厢记》进了一步，就在于它虽以还魂的爱情故事为内容，却深刻地折射出当时整个社会在要求变易的时代心声。《牡丹亭》主题并不单纯是爱情，杜丽娘不只是为柳生而还魂再世的，它所不自觉地呈现出来的，是当时整个社会对一个春天新时代到来的自由期望和憧憬。

> 良辰美景奈何天，赏心乐事谁家院。朝飞暮卷，云霞翠轩，雨丝风片，烟波画船。锦屏人忒看的这韶光贱。遍青山啼红了杜鹃，荼蘼外烟丝醉软，牡丹虽好，春归怎占先。……

这是多么美好的充满希望的时节！整个剧本文词华丽，充满喜剧氛围。这个爱情故事之所以成为当时浪漫思潮的最强音，正在于它呼唤一个个性解放的近代世界的到来。并且呼喊得那么高昂，甚至逸出中国传统理性主义传统，真人荒唐地死而复活（其他情节都又合常情）竟成了剧本主线。本章第一节中讲的世态人情、市民文艺的粗俗根苗，在这里最终上升为典雅骀荡的浪漫之花。它们以不同形式反映了明中叶以来巨大变动着的社会动向、氛围和意绪。

三　从感伤文学到《红楼梦》

作为近代社会新因素的下层市民文艺和上层浪漫思潮，在明末发展到极致后，遭受了本不应有的挫折。历史的行程远非直线，而略一弯曲却可以是百十年。李自成的失败带来了清朝帝国的建立，落后的少数民族总是更易接受和强制推行保守、反动的经济、政治、文化政策。资本主义因素在清初被全面打了下去，在那几位所谓“雄才大略”的君主的漫长统治时期，巩固传统小农经济、压抑商品生产、全面闭关自守的儒家正统理论，成了明确的国家指导思想。从社会氛围、思想状貌、观念心理到文艺各个领域，都相当清楚地反射出这种倒退性的严重变易。与明代那种突破传统的解放潮流相反，清代盛极一时的是全面的复古主义、禁欲主义、伪古典主义。从文体到内容，从题材到主题，都如此。作为明代新文艺思潮基础的市民文艺不但再没发展，而且还突然萎缩，上层浪漫主义则一变而为感伤文学。《桃花扇》《长生殿》和《聊斋志异》则是这一变易的重要杰作。

从文学角度看，《桃花扇》在构造剧情、安排场景、塑造人物、反映生活的深广度方面，以及在文学语言上，都达到极高水平。虽以男女主人翁的爱情故事为线索，它的主要内容和意义明显并不在此。沉浸在整个剧本中的，是一种极为浓厚的家国兴亡的悲痛感伤。所以在当时演出时，就有“笙歌靡丽之中，或有掩袂独坐者，则故臣遗老也；灯炮酒阑，唏嘘而散”(《桃花扇本末》）的记述。但它又并不停留在家国悲痛中，而是通过一姓的兴衰、朝代的改易，透露出对整个人生的空幻之感。这种人生空幻感，我们并不陌生，在第八章讲苏轼时便已强调说明过。但后来或由于抵抗少数民族的入侵（如南宋的陆游、辛弃疾），或由于处于展望春天到来的憧憬时代（如上述的明代浪漫思潮），它们没有得到充分发展。只有当历史发展受到严重挫折，或处于本已看到的希望顷刻破灭的时期，例如在元代和清初，这种人生空幻感由于有了巨大而实在的社会内容（民族的失败、家国的毁灭），而获得真正深刻的价值和沉重的意义。《桃花扇》便是这种文艺的标本。作为全剧结尾的一套《哀江南》是它的主题所在：

〔哀江南〕〔北新水令〕山松野草带花桃，猛抬头，秣陵重到。残军留废垒，瘦马卧空壕；村郭萧条，城对着夕阳道。

〔驻马听〕野火频烧，护墓长楸多半焦；山羊群饱，守陵阿监几时逃？鸽翎蝠粪满堂抛，枯枝败叶当阶罩；谁祭扫？牧儿打碎龙碑帽。

…………

〔沽美酒〕你记得跨青溪半里桥，旧红板没一条。秋水长天人过少，冷清清的落照。剩一树柳弯腰。

〔太平令〕行到那旧院门，何用轻敲，也不怕小犬哰哰。无非是枯井颓巢，不过些砖苔砌草。手种的花条柳梢，尽意儿采樵。这黑灰，是谁家厨灶？

〔离亭宴带歇指煞〕俺曾见金陵玉殿莺啼晓，秦淮水榭花开早，谁知道容易冰消。眼看他起朱楼，眼看他宴宾客，眼看他楼塌了。这青苔碧瓦堆，俺曾睡风流觉，将五十年兴亡看饱。那乌衣巷不姓王，莫愁湖鬼夜哭，凤凰台栖枭鸟。残山梦最真，旧境丢难掉，不信这舆图换稿。诌一套哀江南，放悲声，唱到老。

这固然是家国大恨，也正是人生悲伤。沧海桑田，如同幻梦；朱楼玉宇，瓦砾颓场。前景何在？人生的意义和目标是什么？一切都是没有答案的渺茫，也不可能找到答案。于是最后归结于隐逸渔樵，寄托于山水花鸟……

与《桃花扇》基本同时的《长生殿》的秘密，也在这里。关于《长生殿》的主题，一直有分歧和争议。例如杨、李爱情说，家国兴亡说，反清意识说等等。其实，这些都不是《长》剧客观主题所在。《长生殿》的基本情调，它给予人们的审美效果，仍然是上述那种人生空幻感。尽管外表不一定有意识地要把它凸显出来，但它作为一种客观思潮和时代情感，相当浓厚地渗透在剧本之中，成为它的基本音调。

很有意思的是，这种人生空幻的时代感伤，甚至也可以出现在纳兰词里。就纳兰词的作者本人说，皇室近亲，贵胄公子，少年得志，世代荣华，身为满人，不应有什么家国哀、人生恨，然而其作品却是极其哀怨沉痛的：

……风一更，雪一更，聒碎乡心梦不成，故园无此声。

……归梦隔狼河，又被河声搅碎；还睡还睡，解道醒来无味。

谁翻乐府凄凉曲，风也萧萧，雨也萧萧，瘦尽灯花又一宵。　不知何事萦怀抱，睡也无聊，醉也无聊，梦也何曾到谢桥。

将愁不去，秋色行难住，六曲屏山深院宇，日日风风雨雨。　雨余篱菊初香，人言此日重阳，回首凉云暮叶，黄昏无限思量。

北宋而后，大概还没有词家达到过这种艺术境界。这种对人生、对生活的厌倦和感伤，这种百无聊赖，一切乏味的心情意绪，虽淡犹浓，似轻还重。“不知何事萦怀抱”，应该说，本没有也不会有什么痛苦忧愁，然而却总感风雨凄凉，不如还睡，是那样的抑郁、烦闷和无聊。尽管富贵荣华，也难逃沉重的厌倦和空幻。这反映的不正是由于处在一个没有斗争、没有激情、没有前景的时代和社会里，处在一个表面繁荣平静、实际开始颓唐没落的社会阶级命运中的哀伤么？“一叶落而知秋”，在得风气之先的文艺领域，敏感的先驱者们在即使繁华富足、醉生梦死的环境里，也仍然发出了无可奈何的人生空幻的悲叹。这其实也正是一种虽看不见具体内容却仍有深广含义的“有意味的形式”，内容已积淀、溶化在情感形式中了。在美学理论上，王渔洋的神韵说风靡一时，在某种意义上，也是这个时代这种潮流的侧面曲折反映[1]。

因此，更不说归庄《万古愁》等抒情散曲了。包括蒲松龄短篇小说《聊斋志异》的美学风格，也可以放在这个感伤文学的总思潮中去考察和研究。《聊斋》是用明代市民文艺截然相反的古雅文体写成，它的

1　刘永济指出，王标神韵，脱离现实，有避祸意（见《唐人绝句精华·凡例》），颇为有见。

特征也是与上述市民文艺的现实世俗生活相对立的幻想狐鬼故事。但值得注意的是，在曲折离奇的浪漫中却具有某种感伤意绪。有人说，《聊斋》一书，“观其寓意之言，十固八九，何其悲以深也”(《聊斋志异》跋二)。也如作者所自云：“浮白载笔，仅成孤愤之书，寄托如此，亦足悲矣。”(《聊斋自志》)所悲的，主观上也许只是科场失意，功名未就，老死牖下，客观上其作品中的感伤却仍然充满了那个时代的回音。正因为人世空幻，于是寄情于狐鬼；现实只堪厌倦，遐想便多奇葩。《聊斋》中荒唐的生死狐鬼故事，已不复是《牡丹亭》的喜剧氛围，毋宁带着更多悲剧气氛。这种深刻的非自觉性的“悲以深”的感伤意识，构成了聊斋浪漫故事的美丽。这不是用“愤世嫉俗”之类所能简单解释的。

此外，不同于《牡丹亭》《西游记》那么快乐和单纯，《桃花扇》《长生殿》和《聊斋志异》这批作为戏曲、小说的感伤文学的另一特征，是由于它们或痛定思痛或不满现实，对社会生活面做了较广泛的接触、揭露和讽刺，从而具有远为苦痛的现实历史的批判因素。这正是它们走向下一阶段批判现实主义的内在倾向。

浪漫主义、感伤主义和批判现实主义，这就是明清文艺思潮三个不同阶段，这是一条合规律性通道的全程。在第三阶段(乾隆)，时代离开解放浪潮相去已远，眼前是闹哄哄而又死沉沉的封建统治的回光返照。复古主义已把一切弄得乌烟瘴气麻木不仁，明末清初的民主民族的伟大思想早成陈迹，失去理论头脑的考据成了支配人间的学问。“避席畏闻文字狱，著书都为稻粱谋”，那是多么黑暗的世界啊。像戴震这样先进的思想家也只能以考据名世，得不到人们的任何了解，他自己视为最重要的哲学著作——痛斥宋儒“以理杀人”的《孟子字义疏证》，连他儿子在编集子时也被排斥在外，视为无足轻重。那是没有曙光、长夜漫漫、终于使中国落在欧洲后面的18世纪的封建末世。在文艺领域，真正作为这个封建末世的总结的，要算中国文学的无上珍宝《红楼梦》了。

关于《红楼梦》，人们已经说过了千言万语，大概也还有万语千言要说，因此，本书倒不必给这个说不完道不尽的奇瑰留更多篇幅。总之，无论是爱情主题说、政治小说说、色空观念说，都似乎没有很好地把握住上述具有深刻根基的感伤主义思潮在《红楼梦》里的升华。其实，正是这种思潮使《红楼梦》带有异彩。笼罩在宝黛爱情的欢乐、元妃省亲的豪华、暗示政治变故带来巨大惨痛之上的，不正是那如轻烟如梦幻、时而又如急管繁弦似的沉重哀伤和喟叹么？因之，千言万语，却仍然是鲁迅几句话比较精粹：

> ……颓运方至，变故渐多；宝玉在繁华丰厚中，且亦屡与“无常”觌面，……悲凉之雾，遍被华林；然呼吸而领会之者，独宝玉而已。[1]

这不正是上述人生空幻么？尽管号称“康乾盛世”，这个社会行程的回光返照毕竟经不住“内囊却也尽上来了”的内在腐朽，一切在富丽堂皇中，在笑语歌声中，在钟鸣鼎食、金玉装潢中，无声无息而不可救药地垮下来、烂下去，所能看到的正是这种种金玉其外败絮其中的糜烂、卑劣和腐朽，它的不可避免的没落败亡。严峻的批判现实主义于是成熟了。“与前一阶段市民文艺的现实主义对富贵荣华、功名利禄的渴望钦羡恰好对照，这里充满着的是对这一切来自本阶级的饱经沧桑，洞

---

1 《中国小说史略》。

悉幽隐的强有力的否定和判决。这样，创作方法在这里达到了与外国19世纪资产阶级批判现实主义相媲美的辉煌高度，然而也同样带着没有出路、没有革命理想、带着浓厚的挽歌色调。”[1]《儒林外史》也是这种批判现实主义的代表作。它把理想寄托在那几个儒生、隐士的苍白形象上，如同《红楼梦》只能让贾宝玉去做和尚解脱在所谓色空议论中一样，这些都正是《桃花扇》归结为渔樵的人生空幻感的延续和发展。它们充满了“梦醒了无路可走”的苦痛、悲伤和求索。但是，它们的美学价值却已不在感伤，而在对社会生活具体地描述、揭发和批判。《红楼梦》终于成了百读不厌的封建末世的百科全书。“极摹人情世态之歧，备写悲欢离合之致”，到这里达到了一个经历了正反合总体全程的最高度。与明代描写现实世俗的市民文艺截然不同，它是上层士大夫的文学，然而它所描写的世态人情、悲欢离合，却又是前者的无上升华。

1　拙著《美学论集》第388页，上海文艺出版社，1980年。

四　绘画与工艺

上面只谈了文学、戏曲。在基本为文人士大夫所垄断的绘画艺术中，也经历了这种接近平行的思潮演变，只是其具体表现形式有所不同。

与明中叶的时代潮流相吻合，以仇英为显赫代表的院体青绿山水，以及著名的吴派首领沈周和文徵明、唐寅等人，共同体现了一种倾向，这就是接近世俗生活，采用日常题材，笔法风流潇洒，秀润纤细，可说相当于上述文学中的市民文艺和浪漫主义阶段。出身不高的仇英“独步江南者二十年”(《清河书画舫・亥集》)，人物、山水都很出色，而以描写具有故事情节内容的历史题材为特点，如《春夜宴桃李园图》《汉高祖入关图》等等，工整清秀，不避彩色，于富丽中显高雅，令人起开朗愉快之感。连诋毁所谓院体、青绿的董其昌，对仇英也低首下心。仇实际也可代表相当于市民文艺的绘画。沈周、文徵明、唐寅三人，活跃在以苏州为中心的江南地区，他们以在野士大夫、文人学士的角色，“赋性疏朗，狂逸不羁”，有着不大受约束的生活、观念和情感。他们一方面与较多的社会阶层相联系，一方面能更自由地抒写自己的主观世界、追求气韵神采的笔墨效果，成了他们的艺术理想。尽管题材可能狭小单调（例如比仇英），但他们却以一种浪漫方式，与仇英同样反映社会时代新因素带来的重要变化。像文徵明的《雨景山水》，秀丽温润，给人以某种特殊亲切之感和春天似的愉快，是颇异于前人的。仇、沈、文、唐被并称四大家。比他们晚数十年的徐渭，则以一种更突出的方式表现了这种浪漫特色。徐渭可说是明中叶以来的浪漫思潮在绘画领域的集中代表。正如哲学上的李贽、戏曲中的汤显祖、小说中的吴承恩、诗文中的袁中郎一样。他们基本同时而连成一气。

到明末清初，遭受国破家亡和社会苦难之后，以朱耷、石涛等为代表的绘画则转入了另一个阶段。与前一阶段吴派的工整细丽刚好相反，他们在风格上继承发展着徐渭，简练的构图，突兀的造形，奇特的画面，刚健的笔法……构成了他们作品的独特风貌，强烈感染着人们。这是直接抒写着强烈悲痛愤恨的绘画，正好相当于感伤文学阶段。像著名的以亦哭亦笑的“八大山人”署名所代表的那种种傲岸不驯、极度夸张的形象，那睁着大眼睛的翠鸟、孔雀，那活跃奇特的芭蕉、怪石、芦雁、汀凫，那突破常格的书法趣味，尽管以狂放怪诞的外在形象吸引着人们，尽管表现了一种强烈的内在激情和激动，也仍然掩盖不住其中所深藏着的孤独、寂寞、伤感与悲哀。花木鸟兽完全成了艺术家主观情感的幻化和象征，在总体上表现出一种不屈不挠而深深感伤的人格价值。与“八大”同样体现这一精神的是石涛。石涛《画语录》是这一时期的标准美学著作，它强调的也正是：“夫画者，从于心者也。”“山川使予代山川而言也，……山川与予神遇而迹化也。”要求客观服从于主观，物我同一于情感。他的作品和朱耷同样以简练深厚的笔墨，表现了那寂寞、愤慨与哀伤。

与上述文学思潮第三阶段大体相当的，在绘画领域却并非批判现实主义，而仍然是上述感伤主义的进一步发展，这就是以扬州八怪为代表的花鸟绘画。出现在“乾嘉盛世”的这个江南画派，上承朱耷、石涛（以及可追溯到明代的徐渭）的传统。时代的感伤、愤慨是逐渐没有或褪色了，但更突出了个性。他们各以其独特的笔墨、构图、色彩、形象，或粗豪放浪，或精工柔美，把中国画推到了一个走向近代的新阶段。与当时弃帖学、崇北碑的书法风气有关，讲求锋芒、遒劲、古拙，通过异常简略的形象表达出异常强烈的个性感受，笔情墨趣成了绘画的核心，它不完全脱离现实形象，却又大大超越于它，而使笔墨本身及其配列组合具有独立的审美意义。它们成为唤起审美感情的“有意味的形式”，而根本不在描绘的对象。所以这些花鸟作品在具象再现中却充满抽象意味，在现代中外都被喜爱，并一直有着发展。郑板桥、黄瘿瓢、金冬心、李复堂、罗两峰等人直接为晚清和现代画家从任伯年、吴昌硕到齐白石、潘天寿、刘海粟开辟了道路，这正如《儒林外史》《红楼梦》等为晚清小说做先导一样。这种将题材、对象、笔墨统统作为表现主观心情意绪的工具，却又正与文学中的批判现实主义一样，是对那个黑暗社会的一种自觉或不自觉的对抗和揭露，是那同一个时代的进步心音。像黄慎、郑板桥便是相当典型的代表。他们既可说是上述明代浪漫主义、明清之际感伤主义的在清代的余波，也可说是相当于文学思潮的第三阶段批判现实主义的个性反抗即与黑暗现实社会的不协调。这是一种合规律性的文艺潮流的发展，不是一两个人或偶然现象，而有其深刻的社会的和思想的内在逻辑。包括像当时正统文学中的袁枚倡性灵，重情欲，斥朱儒，嘲道学，反束缚，背传统，时时闪烁出某种思想解放的光彩，也是这同一历史逻辑的表现一样。它们共同地体现出、反射出封建末世的声响，映出了封建时代已经外强中干，对自由、个性、解放的近代憧憬必将出现在地平线上。这种憧憬到鸦片战争前后，从龚自珍到苏曼殊，果然就逐渐明确出现了。把握和探求这些文学艺术中的深层逻辑，对欣赏理解它们，具有重要的意义。

除上述文学、戏曲、绘画外，建筑在明清除园林、内景外发展不大。雕塑则高潮早过，已走下坡（如果把同样题材例如石狮相比，便很显然：汉之拙重，六朝之飘扬，唐之圆深，明清则如猫狗似的驯媚）。音乐、舞蹈则已融化在戏曲中。于是只有工艺可言了。明清工艺由于与较大规模的商品生产（如出口外洋）和手工技艺直接相联，随着社会中资本主义因素的出现和发展，它们有所发展。审美趣味受商品生产、市场价值的制约，供宫廷、贵族，官僚、地主、商人、市民享用的工艺产品，其趣味倾向与上述绘画和文学是并不相侔的。由于技术的革新，技巧的进步，五光十色的明清彩瓷、铜质珐琅、明代家具、刺绣纺织等等，呈现出可类比于欧洲罗可可式的纤细、繁缛、富丽、俗艳、矫揉做作等等风格。其中，瓷器历来是中国工艺的代表，它在明清也确乎发展到了顶点。明中叶的“青花”到“斗彩”“五彩”和清代的“珐琅彩”“粉彩”等等，新瓷日益精细俗艳，它与唐瓷的华贵的异国风，宋瓷的一色纯净，迥然不同。也可以说，它们是以另一种方式同样指向了近代资本主义，它们在风格上与明代市民文艺非常接近。所以，从工艺说，也就不存在上述三阶段思潮的区划了。

结　语

对中国古典文艺的匆匆巡礼，到这里就告一段落。跑得如此之快速。也就很难欣赏任何细部的丰富价值。但不知鸟瞰式的观花，能够获得一个虽笼统却并不模糊的印象否？

艺术的各种突出的不平衡性，经常使人怀疑究竟能否或应否做这种美的巡礼。艺术与经济、政治发展的不平衡，艺术各部类之间的不平衡，使人猜疑艺术与社会条件究竟有无联系？能否或应否去寻找一种共同性或普遍性的文艺发展的总体描述？民生凋敝、社会苦难之际，可以出现文艺高峰；政治强盛，经济繁荣之日，文艺却反而萎缩。同一社会、时代、阶级也可以有截然不同、彼此对立的艺术风格和美学流派。……这都是常见的现象。客观规律在哪里呢？维列克（Renè Wellek）就反对做这种探究（见其与沃伦合著《文学概论》）。但我不能同意这种看法，因为所有这些，提示人们的只是不应做任何简单化的处理，需要的是历史具体的细致研究；然而，只要相信人类是发展的，物质文明是发展的，意识形态和精神文化最终（而不是直接）决定于经济生活的前进，那么这其中总有一种不以人们主观意志为转移的规律，在通过层层曲折渠道起作用，就应可肯定。例如，由于与物质生产直接相连，在政治稳定经济繁荣的年代，某些艺术部类如建筑、工艺等等，就要昌盛发达一些，正如科学在这种时候一般也更有发展一样。相反，当社会动乱生活艰难的时期，某些艺术部类如文学、绘画（中国画）却可以相对繁荣发展，因为它们较少依赖于物质条件，而正好作为黑暗现实的对抗心意而出现。正如这个时候，哲学思辨也可以更发达一些，因为时代赋予它以前景探索的巨大课题，而不同于在太平盛世沉浸在物质岁月中而毋须去追求精神的思辨、解脱和慰安一样……总之，只要相信事情是有因果的，历史地具体地去研究探索便可以发现，文艺的存在及发展仍有其内在逻辑。从而，作为美的历程的概括巡礼，也就是可以尝试的工作了。

一个更大的问题是，如此久远、早成陈迹的古典文艺，为什么仍能感染着、激动着今天和后世呢？即将进入新世纪的人们为什么要一再去回顾和欣赏这些古迹斑斑的印痕呢？如果说，前面是一个困难的艺术社会学的问题，那么这里就是一个有待于解决的、更为困难的审美心理学问题。马克思曾经尖锐地提过这个问题。解决艺术的永恒性秘密的钥匙究竟在哪里呢？一方面，每个时代都应该有自己时代的新作，诚如车尔尼雪夫斯基所说，尽管是莎士比亚，也不能代替今天的作品；艺术只有这样才流成变异而多彩的巨川；而从另一方面，这里反而产生继承性、统一性的问题。譬如说，凝冻在上述种种古典作品中的中国民族的审美趣味、艺术风格，为什么仍然与今天人们的感受爱好相吻合呢？为什么会使我们有那么多的亲切感呢？是不是积淀在体现在这些作品中的情理结构，与今天中国人的心理结构有相呼应的同构关系和影响？人类的心理结构是否正是一种历史积淀的产物呢？也许正是它蕴藏了艺术作品的永恒性的秘密？也许，应该倒过来，艺术作品的永恒性蕴藏了也提供着人类心理共同结构的秘密？生产创造消费，消费也创造生产。心理结构创造艺术的永恒，永恒的艺术也创造、体现人类传流下来的社会性的共同心理结构。然而，它们既不是永恒不变，也不是倏忽即逝、不可捉摸。它不会是神秘的集体原型，也不应是“超我”（super-ego）或“本我”（id）。心理结构是浓缩了的人类历史文明，艺术作品则是打开了的时代魂灵的心理学。而这，也就是所谓“人性”吧？

重复一遍，人性不应是先验主宰的神性，也不能是官能满足的兽性，它是感性中有理性，个体中有社会，知觉情感中有想象和理解，也可以说，它是积淀了理性的感性，积淀了想象、理解的感情和知觉，也就是积淀了内容的形式，它在审美心理上是某种待发现的数学结构方程，它的对象化的成果是本书第一章讲原始艺术时就提到的“有意味的形式”（significant form）。这也就是积淀的自由形式，美的形式。

美作为感性与理性，形式与内容，真与善、合规律性与合目的性的统一（参看拙作《批判哲学的批判——康德述评》末章），与人性一样，是人类历史的伟大成果，那么尽管如此匆忙的历史巡礼，如此粗糙的随笔札记，对于领会和把握这个巨大而重要的成果，该不只是一件闲情逸致或毫无意义的事情吧？

俱往矣。然而，美的历程却是指向未来的。